数の世界

概念の形成と認知

一松 信 著

SCIENCE PALETTE

丸善出版

まえがき

　皆さん，数の世界へようこそ，これからいろいろな名所に御案内申し上げます．

　と前口上はよろしいのですが，広大な数の世界を隅々まで詳しく御案内することはとうていできません．いくつかの「名所」をざっと見て回るだけになります．

　何よりも数にはいろいろな種類があり性格も違います．1, 2, 3, …と数える自然数（数え数）は飛び飛びですが，連続量を表す実数は連続的につながっています．このように性質の異なる対象を同じく「数」とよんで一括するのならば，それらに共通する性格は何か？　それは「数の間の演算」が基本だと考えて進みます．その道筋は序章に略述しました．

　この本はもちろん最新の成果の紹介でも教科書でもありません．しかし単なる読み物に終わらぬよう，若干の目的を意識しました．一つは小・中・高校の先生方および大学での教員養成課程での参考書として活用できる可能性です．もう一つは中学・高校での「課題学習」用になにがしかの素材を提供することです．そのために何人かの方の助言を頂き，また私自身晩年20年にわたって日本数学検定協会でのささやか

な経験を通して,「よくある質問」になるべく答えるよう努力しました.なお本文から若干逸脱するがこの際に記しておきたい話題や,技術的な細部のいくつかをコラム欄に別記しました.

この本の性格上,「数学の言語の表現」である数式を,まったく使わない訳にはゆきませんでした.それを最小限に留め,技巧的な面にあまり深入りしないようにし,細かい技巧はコラム欄にまわすようにしましたが,十分ではありません.数式が出てきたら飛ばしても話がつながるようにしたつもりです.

一方この本の章を追って読み進むと,同じ数の世界でも対象を拡張することによって,共通な部分と異質な部分があり,特に後者では時としてパラダイム・シフト(考え方を改めること)が必要になると感じるでしょう.それが面白い点ですが,逆に思わぬつまずきにもなります.わかってしまえば平凡な話だが,わかるまで一苦労という体験は貴重な学習過程の一つと信じます.最初はあまり気にせず後で振り返るのも一つの方策です.

この本を執筆するに当たって何冊か先人の方々の御高著を拝見し,また自分でも調べて見て,いささか驚いた事実がありました.それは数という恐らく最も基本的な概念でさえ,諸時代の世界各国において多種多様な観点があったという話です.異文化コミュニケーションの重大性は十分承知しているつもりですが,その実行は予想外に困難なことを悟った次第です.

最後になりましたが，本書の執筆をお勧め下さり，また出版に当たっていろいろとお世話になりました三崎一朗氏を初め，丸善出版の企画・編集部の方々に数多くのご助言を得ました．厚く感謝の詞を申し上げます．

平成 26 年 12 月

著者しるす

目 次

序 章 数の発展 　　1

第1章 自然数の世界 　　7
　　数える数／自然数の表現／自然数の演算／自然数の構成
　　［コラム1］日本語の数詞をめぐって
　　［コラム2］加法の交換法則の証明

第2章 整数の世界 　　53
　　負の数／素数とその周辺／図形的数
　　［コラム3］表現定理の証明

第3章 分数の世界 　　85
　　整数の除法と比／分数の導入／分数の演算
　　［コラム4］同値関係について
　　［コラム5］整数比の音は快いか？
　　［コラム6］木星と整数比の小惑星

第4章 実数の世界 　　119
　　無理数の発見／実数の連続性／実数の構成／超越数の世界
　　［コラム7］$\sqrt{2}$の無理数性の証明
　　［コラム8］累乗に関して
　　［コラム9］実数の非可算性の一証明

第5章　多次元数の世界　　　　　　　　　　　　　155
　　複素数の世界／四元数と八元数
　　［コラム10］複素数に順序が入らないとは？
　　［コラム11］一般の累乗
　　［コラム12］四元数の行列表現

あとがき　　　　　　　　　　　　　　　　　　　187

参考文献　　　　　　　　　　　　　　　　　　　189

本書中の主な数学者　　　　　　　　　　　　　　191

索　引　　　　　　　　　　　　　　　　　　　　193

序章
数の発展

数の起源

　数の起源は極めて古いと思います．動物もある程度「数える」ことができるといいますが，ある程度文明が発達すれば序列（順序）の概念も必要ですし，また数の多少を伝えるためには個数の概念がそれとつながります．ただし個々の事物から離れた抽象的な数（1, 2, 3,…）の概念の起源となると，いろいろな説があって確定していません．そのあたりの話が第1章　自然数の世界　の主題です．

　対象の個数（基数）と順序数とどちらが古いのか，あるいは両者が同じ数の別の側面なのかも，掘り下げると種々の課題があります．ただしあまりに個数にだけ執着しすぎると，昔のヨーロッパのように負数の理解が困難になります．

　何よりも，数は天然に存在するものを人が**発見**したものなのか，それとも人為的な**発明**なのかという根本問題がありま

す．それに対する一つの答えが目標です．結論はどうやらその「両方」で，最初は素朴にあるものとして論じ，最後に現在の数学でどう定義し再構成するかで結ぶ形になりました．

その定義のしかたにはいろいろな方法があります．しかしそれらの紹介は主目的ではないので，代表的な方法に限り，他は軽く触れるのに留めました．よい教科書・参考書は多数あり，さらに深く学ぶのに支障はないと思います．

全体の順序は必ずしも歴史的な発展の順ではなく，むしろ現在の数学での体系に従っています．以下順に各章の展望を述べます．

第1章での主題はまず数えること，次に数の表現です．それには位取り記数法とそれにまつわる「零の発見」が本質的です．ただしこれはむしろ次の演算とも関連します．四則のうち除法は意図的に後の章に回しました．もちろん具体的な演算技法ではなく，演算そのものの意味が中心です．

最後の節で述べた現代数学での自然数の再構成には，もちろん多くの方法が提唱されています．ここでは自然数全体が一列に並んでいて次々に作られるという性質に着目したペアノの公理に基づく方法を主として解説しました．

負数は第2章の初めに扱います．第2章 整数の世界 は当初は第1章の後半の予定でしたが，あまりにも長くなったので3個の独立話題を第2章としてまとめ直した次第です．

負数の次の第2の主題「素数」は整数論の膨大な理論の入口で話題が豊富です．しかしここではあえて「素因数分解の一意性」の証明という教科書的な主題の記述を中心にしました．互除法の活用とともに，本質的なこの基本定理の厳密な

証明があまり普及していない（自明な事実として扱われている）点に鑑みた次第です．第3の「図形的数」は本書の主流からは枝葉ですが，有名な公式の簡単な証明を紹介するとともに，数と図形の一つの交流を示しました．

数の拡張

　ここまでは整数が中心でしたが，乗法の逆演算の除法を完全に実行するには分数が必要です．それが第3章　分数の世界　の主題です．分数にはいろいろな性格があります．どれが本質かというよりも，場合によっていろいろの形を使い分けるべきと思います．なお教育の場では伝統的な理由もあって，自然数→正の分数→正負の分数（整数を含む）の順に進められています．しかし数学の理論上の立場からいうと，負数を毛嫌いせずに，自然数→正負の整数→正負の分数　という道筋のほうが自然と思われます．本書はそれに従いました．

　ところで個々の数とともに重要なのは，連続的なものの量を測ることです．それには何かの基準（単位）がいります．その場合にきっちり単位の整数倍になることは例外的で，たいてい端下が出ます．その処理法によって分数と小数の考え方が分かれます．その種の分数の演算が第3章の中心です．いわゆる「分数のできない大学生」（正確にはむしろ分数を忘れた大学生）の方にも参考になれば幸いです．

　しかし本当に連続量を完全に扱うためには分数だけでは不十分です．どうしても無理数そして実数の概念が必要になります．この点は万物を整数の比と考えていた古代ギリシャ人

にとっては，大変な意識変革だったと思います．しかし我々を含む東洋人は案外そのあたりに無神経だったのかもしれません．$\sqrt{2}$ の無理数性の証明が教科書にあっても，「なぜそのようなことを証明しなければいけないのか」という素朴な疑問に対する答え（そのほうが重要）は教えられていない，という批判もあるようです．

しかし実数の連続性の真意は難問です．そういう課題が積極的に取り上げられ，一応の解答が現れたのは 19 世紀になってからです．近年では伝統的な基礎理論に反省の声も挙がっているようですが，在来の理論の一端を第 4 章　実数の世界　に記しました．ただし実数の構成には伝統的に最も広く流布しているデデキントの切断を避けて，カントルの基本列による方法を選びました．その理由は本文に述べました．

実をいうと実数を中心とした「無限と連続」の話が，現在の数学の最も基本的な部分です．しかしその方面には多くの名著がありますので，この本ではその入口を眺めただけであまり深く追求していません．微分積分学を道具として使用する実用上の立場に徹するならば，あまり深入りして泥沼にはまるのはかえって危険です．ただ数学を学ぶ者にとっては，一度は連続性の概念に何かしらの思いを寄せる必要があると思います．

最後の第 5 章　多次元数の世界　のうち，複素数は現在では電気工学や量子力学では不可欠な対象ですが，永らく虚数として忌避されていました．しかし歴史的には，代数方程式の解法に必要であり，「便利な虚構」として古くから一部の数学者が活用していました．代数方程式は複素数の範囲で必

ず解をもつので，その立場からはそこで一応「数の拡張」は完結します．

しかし多少の無理を厭わなければ，さらなる拡張ができます．最後に述べた四元数と八元数は，素数の部分で軽く触れた有限体とともに余分な付け足しです．しかしそういう拡張もできてある場面には有用である；しかしそのためには何らかの対価（犠牲）が避けられないという説明をする意味で，あえて一歩踏み出しました．

もちろん他にまだ多種の素通りした数があります．名前だけですが，カントルの超限順序数，コンウェイの超現実数，A. ロビンソンの超常実数などがその一例です．これらを省いたのは，現在のところこれらの数は一部の専門数学の話題だと判断したからです．

以上がこの本の構成のあらましです．数の概念を拡張するのは，何らかの理由でその必要性に迫られたためであること，そしてその折に保存される性質と修正を要する性質があることを理解して下されば幸いです．

大体はお話し的な記述ですが，いくつかの節は数学の教科書まがいの技術的な内容になりました．証明の細部をコラムに廻した箇所もあります．その場合，証明の末尾に記号□をつけました．そのような部分は軽く読み流して構いません．逆に証明の細部を補充して読んでも結構です．

いくつかの基本的な定理に，あえて慣用の標準的な筋道と違った証明をした箇所があります．ことさら異をとなえたのではなく，こういう方法もあると紹介したかったためです．数学の用語・記述についても若干「よくある質問」に答える

序章　数の発展

形で解説しました．あわせて参考にして下されば幸いです．

　前に述べた通り「〇〇数」とよばれる体系やその構成法には他にも多数あります．その中には自然数から「超実数」までを一気に構成するような方法もあります．それら自体も興味深い理論ですが，まずは標準的な道筋を理解することが先決と信ずる次第です．では数(すう)を数(かぞ)えることから始めましょう．

第1章

自然数の世界

第1節 数える数

数え方事始め

「自然数は神が作った；それ以外の数はすべて人工物である」というのはドイツの数学者クロネッカー（1823-1891）の言葉です．これにはいろいろな解釈がありまた批判もありますが，ともかく 1, 2, 3, …と数える行為が自然発生的であり，後になって分数，負の数，無理数などと次第に数の範囲が拡大されてきたことを物語っています．

自然数という語は natural number の直訳です．日本語で「かず」というときには自然数を意味することが多いようです．私は自然数という語に若干抵抗があり，むしろ counting number の訳語として「数え数」といいたいのですが，慣用に従います．なお現代の数学関係者は自然数を 0 から始める

のが慣例でそのほうが便利ですが，この章では歴史を尊重して 1 から始めます．「零の発見」は少し後に述べます．

ところで動物も数えることができるのか？ トリック的な例は論外として，近年の研究によると，知的な動物は数の多少を判別する能力をもつことが知られています．例えば木の実を石で叩いて割るような道具を使う猿たちは，経験的に何回叩けばよいかを知り，何らかの形で「ヒ　フ　ミ」といった回数を数える操作をしているらしいといわれています．ただ個々の事物を離れた抽象的な「数」という概念が，言語と同じくらい古い起源をもつかどうかは，別個に考察を要する課題です．

現在の未開社会と原始社会とを同一視するのは危険ですが，数概念の起源を探るためには，参考になる点がありそうです．それによると古い伝統を保持していると思われる未開社会では次のような特徴が共通して見られるそうです；

(1) 数概念が事物から独立していない．ただし一般的な数え方（抽象的な数概念）に移行中と見られる場合もある．
(2) 数える数は 3 まで；それ以上は身体の諸部位に対応させる．ただしそれを繰り返してかなり大きな数まで実質的に数えている可能性がある．

また未開人は大勢の仲間のうち 1 人が欠けるとすぐに 1 人足りないと判断する事例が報告されています．たぶん数を数えるのではなく，全体を把握して欠けていることに違和感をもつのでしょう．類似の体験は現代人にもありそうです．しかし文明の発展や環境の変化などから，やがて標準的な数え

方が定着し，抽象的な数詞へと進展したと思われます．

その「数詞」が対象物によっていろいろあり次第に統一されていったのか，それとも最初から一通りだったのかなども興味深い議論ですが，確かめようがない課題ともいえます．

現代の日本語では別掲のコラムのように，数詞に「やまとことば」のひとつ，ふたつ，…と漢語のイチ，ニ，…とが混用され，さらに漢語も呉音と漢音があるといった複雑な体系になっています．しかしこれは後世の異文化交流（輸入）の影響です．以下では現行の数詞を説明用の言葉として使います．数詞そのものの言語学的な考察は，別の課題だとしてここでは論じません．

基数と序数

数える数（自然数）といっても物の個数を1個，2個，…と数えて全体で7個あるといった表現をする**基数**（個数）と，1番，2番，…と番号をつけその順序を重んじる**序数**（順序数）とがあります．物の個数を数える場合，順序に洩れなく重複もないように序数で数えたとき，最後の序数が全体の量を表す基数になります．このように基数と序数とは互いに移り得る表裏一体の概念です．実際に自然数の演算を考える場合には，一方に固執せず両方のモデルを使い分けると便利です．

基数と序数とどちらが自然数の「本来の」姿なのか，またどちらが古く発生したものなのかは，古くから多くの議論があります．日本語や中国語の数詞では両者の間に本質的な差はなく，必要ならば序数のときには「第」をつけて第一，第

二，という程度なので，この設問はあまり意味をもちません．しかしインド・ヨーロッパ語族の諸言語では少なくとも初めのほうは両者に別系統の語が使われています．例えば英語なら基数は one, two, three, …，序数は first, second, third, … です．そのために上記のような設問が課題として取り上げられました．その経歴も両者が別系統の数詞で後で徐々に統一されたのか，それともこれはもともと数詞が3までしかなかった原始時代の名残りなのかといった議論もあります．

こういった数の起源に関する根本課題は興味がありまた指導上も重要ですが，この本の主題から外れるので，問題提起に留めます．ただ，一つ注意しておきたいのは，自然数を基数（個数）として捉えることに固執しすぎると，後述のように負数の理解に苦しむといった困難を生ずることです．

またどこから数えるかという起点に注意しないと，序数と基数との間に食い違いを生じます．後者は一列に並んでいるものと，その間隔の個数とのくい違いというべきかもしれません．

少し先走りますが小学校でよくある質問を紹介します：

問題 一列に何人か並んでいる．私は前から5人目，後ろから数えて3人目のところにいる．全体の人数は何人か？

この問題の答えは $5+3-1=7$ 人ですが，なぜ $5+3=8$ 人ではないのか；あるいは -1 は何を表すのか？　という質問です．

いろいろな説明が可能ですが，私は次のように説明します．私が前から数えて5人目なら，私を含めて前にいる人数

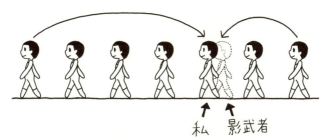

図1.1 前から5人目，後ろから3人目

が5である；後ろから数えて3人目なら，私を含めて後ろにいる人数が3である；しかし$5+3=8$人とすると私が重複して数えられる．全体の人数は，重複した一方の「私の影武者」を消して，1を引いた$5+3-1=7$人である．□

自然数は1から始まって次々に一列に並んでいます．次に述べるのは言語使用法の問題ですが，「一つおきに選ぶ」というときには，交互に選ばないものと選ぶものとを作ることです．しかし「三つおきに」というと2個とばして3番目ごとの対象を選ぶ意味に解釈するのが普通です．ここに不整合があってまぎらわしいので，私は後者の場合は「三つごとに」という言い方をして区別しています．

教育の場では数えることから基数を主とするようですが，しばらく序数について考察します．その理由はまず数字（数記号）の用法には順序が主流の場合が多いことです．

もう一つの理由には自然数が一列に整然と並んでいるというのがその一つの本質であり，後述の第4節のように現代数学において自然数を再構築する折にも，この性質を抽象化，公理化して進めるのが標準だからです．

第1章 自然数の世界

数記号の用法例

　現在の数記号（数字）は単に数（量）を表す記号だけでなく，演算記号として重要です．しかし日常の諸用例を見ると必ずしもそれらの諸関係があまり使われていない場面があります．少し脇道ですが，それについて検討してみましょう．

　最も極端な場合は，順序も演算も無視して数字が単なる**識別記号**として使われている例です．多量の荷物に番号をつけるときや，一時預かりの番号札がその例です．近年の数独パズルでも使われている1〜9の数字は単なる識別記号であり，原理的には相異なる9個の文字でも同じことです．

　私の体験談を一つ：1986年にオーストラリアに団体旅行でハレー彗星を見に行った折の話です．シドニーで入国して観測地バサーストまで特別の臨時列車に乗りました．私は「3号車に乗れ」と指示されましたが，その車両が前から7番目でした．そのときの車両の順序は覚えていませんが，ともかく前からも後ろからも順に1号車，2号車と揃っておらず，号車番号は単なる識別記号でした．

　これほど極端でなくても，欧米では下り列車のプラットフォームが1，3番線；上りが2，4番線と奇数・偶数に分かれていて，全体が番号順に並んでいない例がよくあります．しかし日本では番号順に並んでいないと文句が出るのか，新宿駅では過去に2度も番号の付け換えがされました．

　その次の段階では序数として順番だけを問題とする場合です．地震の震度階，モース硬度，風速のフジタ・スケール[1]など自然界のスケール用に多くの例があります．もっとも当

初は順序だけの目安だったのが次第に定量化されて精密なスケールになった場合もあります．星の光度（何等星）がその一例でしょう．

またこれも数学の問題というよりも日常の用法の課題ですが，順序 1, 2, … で数の大きさと「偉さ」の順が気になります．一等，二等，…；正一位，従二位，…；1級，2級，…など多くは数値の小さいほうが偉いようです．しかし碁や将棋の段位を初め各種スケールの順序は，数値の大きいほうが偉いようです．

中国南朝の梁の武帝が政治改革の一環としてそれまでの位階を廃止し，新たに第1班から第18班まで班位を制定したことがありました．これは数字が大きいほど上位です．その狙いは貴族たちが就きたがらない要職の地位を上げ，従来の位階との対応をわかりにくくするためでした．しかし，この制度は一時期新羅が受け継いだものの，結局短期間で廃止されてもとに戻りました．数字が大きいほど上位とすると，次々に高位を追加して際限がなくなる可能性があるのも一因かもしれません．

歴史上の時代区分も昔から順に第1期，第2期とつけてしまうと，後からもっと古い時代が判明した場合に困ります．−1期，−2期と負数を活用するわけにもいかないでしょう．第四紀氷河時代の第2氷期，第4間氷期などの用語は現在では死語です．一時期この期間を現在から過去へ向けて逆向き

注1）フジタ・スケール　米国で活躍した日本人の気象学者，藤田哲也(1920-1989)が特に竜巻の風速を被害状況から推定するために導入した数値．形式的には F0-F12 が定義されているが，実際に起こるのは F0-F5 とされる．

第1章　自然数の世界

に奇数を間氷期，偶数を氷期とした番号づけ区分が提唱されたこともありました．しかし異論が多く出て今では使われていないようです．自然数はきっちり順番に揃っていて，一度決めてしまうと後から中間に新しい数が入り込む余裕がないのが，順序に従って整理する用法にとっては長所でも短所でもありましょう．

少々序数と順序にこだわりました．数を記述するためには，まとめて数える基数としての考え方が重要です．

内包量と外延量

以上順序を主として論じましたが，物の個数や量を数値化した基数は，順序だけでなく相互の演算が可能です．それについては第3節で解説しますが，加法において無造作に数値を加えてはいけません．加減算は**同じ単位で表された量**どうしの間に限ります．さらに数値も，加法が許される**外延量**とそれが無意味な**内包量**とがあります．

この語は元来は哲学の用語です．ある対象を説明するのに，そのもののもつ特性（**内包**）を示すのと，対象物を具体的に列挙する**外延**とが語源です．犬2匹と猫3匹を，犬猫という属性を無視（捨象）し両者をともに動物として $2+3=5$ と計算するのは，対象の数を外延量とした計算です．長さや重さ（質量）が同様の外延量であるというのは，経験事実ないし好都合な「仮定」でしょう．

これに対して**温度**の概念は，現在では温度計の目盛りだと割り切ることも可能ですが，歴史的にはそれを数量化するまでに熱力学の諸法則が基礎にあり，多くの考察を経て完成

た経過があります．また極端な高温をどのようにして測るかについても多くの課題があります．そして温度の数値そのものは内包量です．温度差は外延量で加減算が許されますが，温度の数値そのものの加法は無意味です．実際に20℃の水と30℃の水を合わせても50℃になりません．かつて1960年代の「数学教育の現代化」の折に（このこと自体はむしろ枝葉の失敗ですが）「温度の数値を加える」といった無意味な演習問題が教科書に載って，物理学者が激怒した逸話が伝えられています．

今日ではいろいろな目安のため，便宜的に単位の異なる数値どうしの加法をする場面もありますが，その数値の具体的な意味には十分な注意を払う必要があります．

コラム1　日本語の数詞をめぐって

どこの国の言語でも数詞は基本的ですが，外国人が学習する折には思わぬ困難があるものです．日本語では「やまとことば」のひとつ，ふたつ，…と，漢語のいち，に，…が併用されます．さらに漢音と呉音の別があって意外と厄介です．四が死と同音で（これは中国語や韓国語も同様）これを忌むために「よん」とよんだり，七を一と区別して「なな」というような例もありますが，以下では漢音と呉音についてだけ論じます．

日本に古く入った中国の南方（あるいはその影響下にあった朝鮮半島南部）の呉音では一から十までは次のとおりです．

イチ　ニ　サン　シ　ゴ　ロク　シチ　ハチ　ク　ジュウ

これに対して遣唐使がもたらした北方の漢音では

イツ　ジ　サン　シ　ゴ　リク　シツ　ハツ　キュウ　ジュウ

です．なお3は昔はサム（sam）の音で，ベトナム語や韓国語は今でもそうです．日本語でも三位一体，源三位頼政などの発音にその痕跡が残っています．

　日本での漢語の数詞は先着の呉音が定着し，奈良朝以後漢音を使えとたびたび命令が出ても普及しませんでした．そのうちイツは荘厳な表現（イツにかかって，億兆心をイツにして）とか，統一，同一，均一などの熟語に使われています．ジは二郎，二乗などの例がありますが，多くは次郎，自乗と別の同音文字に書き替えられました．リクは六国誌，六朝，六義園など特別な用例があるだけです．シツ・ハツはほとんど使われた例がないようです．

　問題は九です．普通にはほとんど漢音のキュウが使われています．クが苦に通じるので忌んだといわれますが，キュウも窮と同音です．もっとも地名では九州は別として，九段下，九条，九十九里浜，九重などクの例が多数ですし，仏教では九品仏，九輪などの熟語もあります．歌では音数を合わせるためにクと読ませる例もあります．土井晩翠が諸葛孔明を讃えた名作「星落秋風五丈原」の一節：

管仲去りて九百年　樂毅滅びて四百年

は，それぞれクヒャクネン，シシャクネンと歌います．

さらに私が気になるのは，大きな数の頭の1にイチをつけて読むか否かです．万以上億，兆，…などは一万，一億，一兆というようです．千は特に一千と強調した例もありますが，(西暦一千九百年など)，たいてい単に千で済ませています．一百，一十は江戸時代には普通でしたが，現在ではまったく使われません．簡潔に表現して済むということでしょうか．

その他，発音の都合で百をビャク，ピャク；千をゼンと「連濁」することがあるなども，我々は日常何気なく使っていますが，案外学習には面倒な規則が多いようです．以上は数学というよりも言語学の課題ですが，注意しておく価値はあるでしょう．

最後にいわゆる**助数詞**について一言しておきます．それは物を数えるのに，二匹の犬，五軒の家など対象に応じて数詞の次につける言葉です．これは中国語で，一巻之書，二頭的馬，といった表現をする影響と思います．その昔数える対象に応じて別々の数詞が使われた名残りという説もありますが，それはどうでしょうか？

時代とともにこの種の用法も変化しているようです．例えば近年では類人猿は匹や頭でなく，三人のチンパンジーと数えないと失礼だとされています．助数詞の使用が，数詞と対象をそのまま並べればよい言語を使用している人にとっては，困惑する難点かもしれません．

第1章 自然数の世界

第2節 自然数の表現

まとめて記述

さてともかく 1, 2, 3, … と数える数が決まった段階で，それをどのように表現（記録）するかが次の課題です．初めのうちは点や棒の記号を並べるので済むでしょう．漢数字の一二三はまさにその例です．しかし数が増えると単純に記号を並べるだけでは済まなくなります．ある程度決まった数だけまとまったら，それを一塊りにし，それを別の記号で置き換えてさらに進む操作が必要になります．

人類の片手の指が五本であるため，五個あるいは両手で十個を一塊りとするのが自然でした．古代バビロア（メソポタミア）やエジプトでは一から九まで単位記号を並べ，十に相当する新しい記号を使いました（図1.2）．メソポタミアでは後述の「六十進法」による記数法がかなり古く定着しましたが，説明の都合上エジプトの純十進式を先に解説します．

その方式は十以上では十の記号を九個まで並べ，それが十個に達したら新しい（百に相当する）記号を導入し，百の記号が十個に達したら次の（千に相当する）記号を導入する，…といったものです．図に百万まで全部で七種の記号を示しました．個々の記号の由来についても面白い話が多いが，当面読者の方々の想像力におまかせします．

表現すべき数の範囲が限定されていれば，この方式は比較的少数の記号で済むし，またまぎれる心配がないのでそれほど悪い方式ではありません．演算も加減算だけならば容易です．ちょうど一円玉，十円玉，百円玉，…の硬貨があるよう

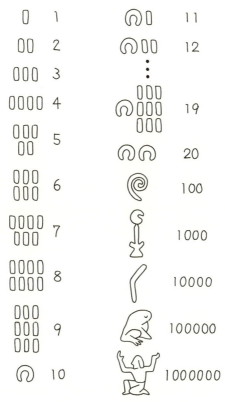

図 1.2 古代エジプトの記数法

な次第ですから，**加法**は両方を集めてそれぞれ寄り分け，一円玉が十個以上あったらその十個を十円玉と両替する，というふうに桁上げの操作をすればできます．硬貨でわかりにくければ，単位正方形，それを十個集めた棒，一辺が十の正方形状に集めた百を表すタイルを使って同じような操作をすれ

ばよく，実際にそのような指導もされています．

　減法は逆に同種の硬貨を取り除き，不足すれば上位の硬貨を下位の硬貨十枚と両替して，繰り下がりの操作をします．ときにはもう一つ上の単位の両替まで必要なこともありますが，ともかくこの種の演算はまったく機械的に可能です．

　このように十個まとめて表記する方式を（広義の）**十進法**と総称します．そして，十，百といった上のおのおのの単位を位（くらい）とよびます．

　一十百千…といった各位の記号を単純に並べるのではなく，二，三，四，…と進んで九までの各数を表す記号を作って，三百九十四といった表現をする変形も現れました．漢数字の四から九までは当初別の意味だった文字（象形）を転用したもののようです．これらの文字を改変されないようにするために，同音のこみいった字を記録用に使う慣習も生じました．壹貳參肆伍陸柒捌玖拾がその典型例で，一部は今でも紙幣や小切手などに使われています．いわゆるアラビア数字も今日の形に定着するまでに幾多の変遷がありました．ルネサンス期に筆算が意外と普及が遅れたのも，数字の書き方に異種が多く，かえって混乱のもとだったせいともいわれています．実は現在でも算用数字の手書き文字には欧州式と米国式があって必ずしも標準的に統一されていないようです．

　しかし古代エジプト式の数表現には重大な欠陥があります．それは大きな数を表現するためには，次々に新しい記号を導入しなければならない点です．実用上では一応十分かもしれませんが，考察すべき数の範囲が増すと困難が生じます．また乗法・除法の計算には数表を要するなどの課題もあ

ります．

現在の各国の数詞は多少の不規則性はあるものの，多くは十倍ずつを3個（千ごと）あるいは4個（万ごと）に切って，その範囲を「三千五百八十七」というように読んで，そのブロックごとに千（＝ 10^3）あるいは万（＝ 10^4）倍の名前をつけて読む方式です．これは上述の記法の自然な発展と思います．

そのために位取り記数法が現れるのですが，その話に進む前に，広く使われている五を副単位とする方式について一言します．

副単位を使う方式

歴史的な諸表現を見渡すと，前述のような純十進的な記法はむしろ稀で，多くは五を副単位にしています．すなわち五個集まった段階で一つのまとまりとし，五の単位二個を十として新しい記号とするという方式です．算木（さんぎ）の並べ方（図1.3）がその典型例ですし，算盤（そろばん）もそうです．記号九個とい

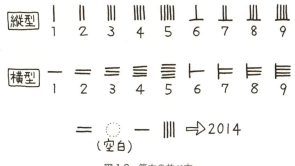

図1.3　算木の並べ方

うのは多すぎて不便なので，片手の指で済む五個を一まとめにするのは自然な方式です．このような副単位「五」を使う場合は，十進法でなく**五・二進法**とよぶのが適切でしょう．

マヤの数字は 1 を・，5 を ——— で表し，——— 4 個を次の桁とする「五・四進法による二十進法」でした．**二十進法**は世界各地で見られます．足の指も使って計算した名残りでしょうか？

ただし厳密にいうと，マヤの数体系は純二十進法ではなく，次は十八個で桁を上げ，以後はまた二十個ずつまとめるという複式でした．これは $20 \times 18 = 360$ が一年の日数に近いため，暦を記述するための便法と思われます．

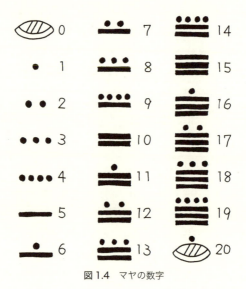

図 1.4　マヤの数字

数を表す記号も一から九までと十，百，千，…などの記号のほか，二十，三十，…を表す特別な記号が補助に使われた例が多数あります．漢字でも多分算木の象形ですが，廿 (20), 卅 (30) という文字があります．「世」は卋の変形で「30年が一世代」の意味が源のようです．インドではさらに四十,…, 九十を表す記号もあったがあまり使われず，他方二十，三十の記号はかなり後まで広く使われたということです．これは暦日の表現用でしょう．記法の多様性で十二日が二十日あるいは二十一日と混同されたら大混乱になりかねません．このように特別な目的には別の記号を使うというのも自然な考え方です．

　メソポタミアの**六十進法**も，正確には「**十・六進法**」です．ただしこの語を現在のコンピュータ内部で使われている「十六 (16) 進法」と混同しないでください．それは1の記号（▽という形）を九個まで使い，十の記号（◁の形）は五個まででそれが六個になったら上の位に上げる方式です（図1.5）．例えば ▽ ◁▽▽ (1と12) は 60 + 12 = 72 を表します．純六十進法では59まで（0を込めて）60個の数字を必要としますが，十を副単位として活用しているわけです．60を単位としたのは 2, 3, 4, 5, 6 と60を割り切る数（約数）が多く，諸等分に便利だったからでしょう．

　その名残りは時間の分，秒，および角度の度，分，秒として現在でも使われています．時間や角度を十進法に変更する努力がフランス革命の折に行われました（今でも続いている?）が，結局実用になりませんでした．

　ダース・グロスといった**十二進法**も 2, 3, 4 で割り切れると

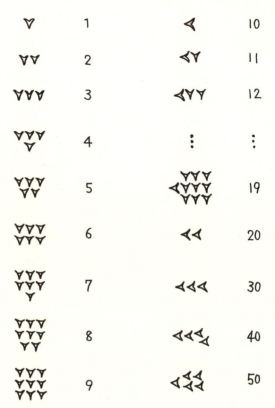

図1.5 メソポタミアの六十進法

いう利点から使われていたようです．

実をいうと，メソポタミアで「十・六進法の表記が行われていた」という結論よりも，それを粘土板からどのように解読したのかという経過のほうが大切と思います．それは楔型文字が書かれた粘土板の乗算表（乗法の九九の表）の考察か

らされました．▽が1，◁が10を表す記号であることは直ちにわかりましたが，別表のような記述がありました．ここでは現行の数字に直して初めの部分だけを示します（表1.1）．

これは9倍した乗算表のようです．しかし7以降63　72　81　90ではなく1と3，1と12のように記されています．これは前の1が1ではなく位の上がった60を表すと解釈すればつじつまがあいます．実際表の先のほうに

　　14　2　6　　（$= 2 \times 60 + 6 = 126$），
　　19　2　51　（$= 2 \times 60 + 51 = 171$）

といった記述があり，上の解釈で正しく理解できます．以上がそのきっかけでした．

変わった形式として古代ギリシャ時代の末期に，アルファベットを順に数字として使う記数法が行われました．α が 1，β が 2，… です．全体を 1～9，10～90，100～900 を表す

表1.1　メソポタミアの乗算表（9倍の部分；数字は現行の数字）

1	9	11	1	39
2	18	12	1	48
3	27	13	1	57
4	36	14	2	6
5	45	………		
6	54	19	2	51
7	1　3	20	3	
8	1　12	30	4	30
9	1　21	40	6	
10	1　30	50	7	30

第1章　自然数の世界

合計 $9 \times 3 = 27$ 個の文字を使用します．当時のギリシャ文字は 24 個ですが，その昔使われていた 3 個を復活させて 27 個にしました．千から上は千までの 3 個の文字の上に千を表す M をつけて表現しました．数を表す記号が多いのが欠点ですが，百万までの数が簡潔に記述できます．しかしこの記法で演算するのは大変に困難です．実際に計算は玉（硬貨）を並べて行い，この記法は結果の記録用だけに使われていたようです．

現在でも機関車の C62，EH500 など A を 1，B を 2，… とした用例があります（C，H は動輪数 3, 8 の意味）．しかしこれがかえって文字を不定要素として活用する代数学の発展の妨げになった，という批判もあります．

位取り記数法

今日の我々が標準的に使用しているのは**位取り記数法**です．それは同じ数字を置く位置に応じていろいろな位の数と解釈する方式です．例えば 222 という数字の列では同じ 2 という記号も，最右の 2 は普通の二，中央の 2 は二十，最左の 2 は二百を表し，全体で二百二十二を意味します．

算木を板の上の一定の位置に置いたり，今日の算盤で位置を決めたりして計算する場合には，位置に応じて位を定めるという考え方はさほど不自然とは思われないでしょう．しかしこうした記数法が理解され活用されるまでには，現在の我々が考えるよりもはるかに長い時間がかかっています．それも無理からぬことと思われます．その原因の一つは空位を表す記号 0 の理解（零の発見）です．

メソポタミアの六十進法でも，145と読める記号が $60 + 45 = 105$ なのか，$60^2 + 45 = 3645$ なのか区別が必要です．ずっと後には後者の場合，＜を斜めに2個重ねた空位を示す記号を挿入するようになりました．しかし初期には少し間を空けて表す程度で特に書き分けられておらず，読者が文脈で察するしかない場合が多いのです．六十進法ですとある位が0になる可能性は比較的小さいのですが，普通の十進法ではもっと頻繁に起こります．15と105と150を明確に区別するためには，空位を示す記号を積極的に活用しなければなりません．これがいわゆる「零の発見」です．数としての0は，基数としては空（無）を，序数としては1の直前を意味しますが，ここでいうのはそれとは意味が違い，0を数字の一つとして認識して使い，位取り記数法の意味を正しく理解することです．

　位取り記数法では，0を込めた十個の数字を並べて表現した列を最右端から一の位，十の位，…と解釈します．十（10）が**基底数**であり abc という数字の並びを（今日の記号で）
$$10^2 \times a + 10 \times b + c = 100 \times a + 10 \times b + c$$
と理解します．最上位（左端）の上に0を続けることは普通しません（0の除去）．

　この方式ですと，十個の数字だけでいくらでも大きな数を記述することができます．億までの限定された範囲では一見記号が多くて不利なようですが，いくらでも大きな数を表現できることによって初めて数（自然数）が無限にあることが認識されたのでしょう．演算も容易で演算用の数字と記録用の数字を区別する必要もありません．位取り記数法が普及し

てようやく自然数全体を見渡すことができたともいえます．

　純粋に数学の理論上では，同様に任意特定の（1以外の）自然数 N を**基底数**とした N 進法が可能であり，必要な場面で使われています．N が小さければ，使用する数字（N 個必要）が少数で済むかわりに，個々の数の表記が長くなります．N を大きくとれば個々の数の表記は短くて済むが，多数の数字が必要となります．副単位の活用が後者の欠点を補う便法でしょう．

　極端な場合 $N = 2$ とすればただ 2 個の数字（具体的には 1 と 0）だけですべての自然数（そして拡張された多種の数）が表記できます．これをスイッチの on, off に対応させれば，電気回路的に好都合です．今日のコンピュータの内部で二進法が使われている理由の根本はこのように理解してよいでしょう．ただ実際には二進数 4 桁をひとまとめにした $2^4 = 16$ 進法の形で使われているのが普通です．

零の発見

　吉田洋一の『零の発見』は今日でも価値を失わない古典です．発行当時，空財布を振って「零の発見」と茶化した漫画がありました．映画化もされました．ただしそこでヨガの行者のような人物が永年瞑想して零を発見したという設定には疑問を感じました（この部分は原著にはありません）．「零の発見」は瞑想によってではなく，日常大量の計算を実行している作業現場で行われたと考えるほうが自然と思います．その発見者もあるいは数学者ではなく，商人や職人だったのかもしれません．もっとも（あくまで推定ですが）古代インド

の大数学者アーリアバータあたりの可能性が高いような気もします．

　ともかく多量の計算をこなす折には，一から九，十から九十，さらに百，千，…といった多数の記号を使うよりも，一から九だけの数字を使い，書く位置を変えて一の位，十の位,…を表すと転用して計算する位取り記数法を活用するほうが，ずっと効率的です．実際算盤での計算はその様式で行われます．その折に空位が生じたら最初は空けて書いていたかもしれませんが，それではまぎらわしいので積極的に空位を表す記号0を導入したのは自然でしょう．

　恐らく当人はこれを大発見（大発明）と自覚し，効率的な計算法として宣伝したと思います．しかし同じ数字を，書く位置によって異なる位の数と解釈するのは，それまでの表記に慣れていた人々にとって困難であり，誤解や誤用で誤った結果を出す人も多かったと想像されます．そのためにかえって混乱を招き，あまり普及しなかったのが実情でしょう．

　吉田洋一は当時（1940年頃）むやみに画期的大発明と誇大広告する風潮を皮肉って，記述を「零の発見という画期的大発見をした無名の古代のインド人は，この発見が後世に多大の利益をもたらすことを自覚していただろうか」といった言葉で結んでいます．私は恐らく当人がそのことを強く自覚・自負していただろうと想像しています．ただその普及が当人の予想をはるかに上回る長い年月を要したことも事実です．新しい考え方の提案とその普及とがまったく別の課題である一例と見たほうがよいかもしれません．

第3節　自然数の演算

順　序

　順序は関係であって演算ではありませんが，これから始めます．自然数を序数と考え一列に順に並んだ列とみなせば，$a < b$ といった大小の順序は前後関係から明白です．自然数を理論的に構成する場合には，加法を活用して順序関係を $a + c = b$ のとき $a < b$ といった形で定義します．なお以下説明に文字式を使用しますが，その意味はおわかりと思います．

　自然数の順序関係において極めて重要な性質があります：

| $1°$ 自然数の減少列は有限で終わる，
| $2°$ 自然数の集合中には必ず最小数がある．

　一見自明のようですが，次節で扱う自然数を構成する立場では，証明を要する基本定理の一つです．本書では証明に立ち入りませんが，後の章でこれらの事実があちこちで積極的に使われていることに注意します．

　前節のように位取り記数法で表された2個の自然数の大小順序の判定は容易です．いわゆる「辞書式順序」で済みます．上位に無限に0が続いていると考え，上から見て初めて0以外の数字が現れる方が大きい；もしそれが同じ位置なら，その位の数字の大きい方が大きい；もしそれが同じなら次を見ていき，初めて相異なる数字が現れたときにその位置の数字の大きい方が大きい（0は他のすべての数字より小さい）とすれば，これらの規則で正しく判定できます．

　ここで大小の順序に関する用語・記号について一言してお

きます．「$a < b$ かまたは $a = b$」のとき $a \leqq b$ と略記します．$1 \leqq 1$ と記すと違和感をもつ人が多いようですが，これは正しい式です．「A または B」は A, B の一方が真なら，他方はどうでもよいのです．英語では "a is smaller or equal to b" といった長い表現をせざるを得ませんが，日本語では（中国語でも）「a は b **以下**」「b は a **以上**」という簡潔な表現があるので，以後これを活用します．$a < b$ については「a は b **未満**」ともいいます．この場合「b は a より大きい」を簡潔に述べる表現がないようです（強いていえば，b は a を「超越」）．

数学の理論上ではむしろ $a \leqq b$ のほうが基本的な関係です．つまり「$a \leqq b$ かつ $a \neq b$ が明白なときに $a < b$ と記す」と理解したほうが有用です．

加法と減法

自然数をものの個数を表す基数と考えれば，**加法**（足し算）は A, B 両方の個数に対して，A, B の両者を合わせた全体（数学の用語では A, B の合併集合）の個数と考えられます．当然その折に個々の対象の個性を捨てて，例えば犬 3 匹と猫 2 匹の和は，犬，猫両者を同じ動物だと「抽象化」して $3 + 2 = 5$ 匹と数える必要があります．

しかし加法（減法）のモデルは，自然数を序数と考えたほうがかえってわかりやすいかもしれません．図 1.6 のように飛び石状態に自然数を配置し，$3 + 2$ なら 3 の位置から 2 だけ進んだ位置 5 に達すると考えます．

このモデルでは加法の逆演算である減法（引き算）も，こ

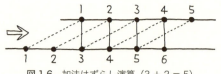

図1.6 加法はずらし演算 (3 + 2 = 5)

のモデルで逆に出発点から始点1の方に進むと解釈できます．5 − 2は位置5から3だけ1の方向に進んで位置2に達すると考えます．そうすれば1の前に0，さらにその前に負数を導入して3 − 5 = −2といった計算も自然に合理化できますが，これは次章で改めて論じます．

加法において基本的な等式（公式）があります．

交換法則：$a + b = b + a$ **（可換法則**ともいう）

結合法則：$(a + b) + c = a + (b + c)$

（　）はその内を先に計算して，それを一まとめの数と考えるという意味です．

これらはあまりに当然すぎ，日常自明な性質として使われています．数を基数（ものの個数）として，加法をそれらの合併集合の個数と考えるモデルではほぼ自明といってよいかもしれません．しかし序数とした前述の飛び石モデルでは，一応納得できても「証明」しようとすると案外困難かもしれません．またこれらの公式が認識されたのも，第5章で述べるように必ずしもそれらが成立しない場合が発見された以降です．

自然数が位取り記数法で表現されていればその加法の計算技法は容易です．単独の数字どうしの加法九九だけがあればそれによってその位の数を加え，上位に**繰り上がり**（桁上が

り）があればそれを一つ上の位の数に加える，という操作を反復すればできます．筆算の場合は下位から計算するのが慣例です．それが確実な安全策で標準の手法です．しかし中間結果を記述する必要がない（算盤(そろばん)での計算など）場合には上位から計算したほうが効率的です．筆算でも中間結果を書き直すことを許せば上位から計算したほうが有利と思います．暗算の名人は加法の計算を上位からしているようです．

減法も同様に各位の数ごとに引き，もしも引く数のほうが大きければ一つ上の位からその位の 1，下の位では 10 を貰ってきて引かれる数に 10 を加えて減算を実行します．場合によってはすぐ上の位が 0（空位）であり，もう一つ上の位（おじいさん）から貰ってくる必要のあることもあります．

引き算では両方の数から同一の数を引いて計算しても結果が同じ：$a - b = (a - c) - (b - c)$ なので，ずっと上の位から数を貰ってくる必要がある場合には，例えば

$$1003 - 687 = (1003 - 4) - (687 - 4)$$
$$= 999 - 683 - 316$$

と変形して計算するとよい，という意見もあります．検算用に心得ておくと有用かもしれません．

ところで，この**貰い**（繰り下がり）を伝統的に**借り**（英語でも borrow——借り）という用語が使われているのが混乱のもとです．「借金は踏み倒すもの」と割り切るのは論外として，借りたものは後で返すという正直な心掛けの者は，かえって混乱して誤りをしがちといいます．繰り下がりは一時借りたものではなく，正々堂々貰ってくる量ですから，伝統的な用語も考え直すべきでしょう．このことは古くから主張

されています.

　最後に順序と加減算の関連に一言します.

　　$a < b$ のとき $a + c < b + c$;

　　さらに $c < a$ なら $a - c < b - c$

です.これは個数の付加・除去のモデルでも,また飛び石上の移動モデルでも自明と思います.その結果は平凡に見えますが,これは順序と加減算との**整合性**として重要な関係です.こういう関連があるからこそ,順序と加減算は無縁でなく,合わせて安心して活用できる次第です.

　単位のある量どうしの加法・減法は,同じ単位に揃えて実行しなければいけません.ただ数学の発展のためには,メソポタミアの書記たちが楽しんだような,面積の数値と長さの数値を加えるといった「おおらかな」発想も必要な場面がありそうです.

諸等数の演算

　諸等数という語は現在では死語かもしれません.同じ量を複数の(十進法とは限らない)単位で測った表現を意味します.例えば過去の尺貫法で距離を 3 里 27 町 35 間 4 尺と測ったのがその一例です.現在では本質的なのは 1 時間 45 分 57 秒といった時間の表記くらいです.身長が 1 m 67 cm といっても,1 m = 100 cm ですから 167 cm とも 1.67 m とも容易に換算できます.

　昔は各国とも同じ量を対象に応じて別々の単位で測った用法が混在し,しかもその換算率が必ずしも十進でなかったために換算が大変でした.英国では少し前まで,元来金貨・銀

貨・銅貨の単位だったポンド・シリング・ペンスが

  1ポンド＝20シリング， 1シリング＝12ペンス

であったため（これも晩年造幣局長になったニュートンが定めた固定相場であり，それ以前は変動相場だった），相互の換算が算数の基本演算でした．明治時代の小学校の算数教科書の大半は諸等数の計算でした．小平邦彦が小学校の折

  3里27町35間4尺＋5里19町47間5尺

  ＝9里11町23間3尺

    （1里＝36町，1町＝60間，1間＝6尺）

といった諸等数の計算ばかりやらされたのに不満を述べているというのも当然でしょう．現在でも時折

  2時間58分46秒＋1時間45分57秒

  ＝4時間44分43秒

を4時間4分3秒（1時間＝100分，1分＝100秒と錯覚）する誤りが報告されています．

 諸等数は歴史的な事情から生じた体系であり，次第に十進法に統一されて簡易化されました．ただし単位の換算は十進法でも数値が極端に大きく（あるいは小さく）なると誤りやすいし，初めから考えようともしない傾向があります．度量衡が国際SI単位系に統一されても，そして単位はそれを標準とするといっても，特定の分野ではいまだにCGS系を初め慣用の単位系が多数使われています．SI単位系との換算は単に10の累乗の乗除にすぎないのに，それが案外厄介な作業であることを感じます．単位を換えて数値が変わると混乱のもとですし，それに気づかず事故の原因になった例もあるので，当分換算表を用意して気長に統一していくしかない

でしょう.

昭和の初年に小学校算数教育が改善されて画期的な「緑表紙教科書」が誕生した背景の一つには，単位がメートル法に統一されて煩雑な諸等数の計算が不要になり，ゆとりが生じたことが挙げられています.

純粋に理論的な立場では，諸等数はおのおのの位ごとに上位に上がる換算率が異なる「複式位取り記数法」だと解釈できます．前の例では尺は6尺で1間に，次は60間で1町に，最後は36町で1里と繰り上がるわけです．例えば時間は60進法の名残で60秒が1分，60分が1時間です.

そういう規則がわかれば，そのようにプログラムを書いてコンピュータに正しく計算させることは容易です．ただそれを各人が日常生活で毎回実行しなければならないとすると，大変非効率的で誤り易い処理になります．現在の我々にはかえって昔の不便さが理解困難なのかもしれません.

乗　法

乗法（掛け算）は加法とは別種の演算です．その起源はたぶん基数として，多量の対象をいくつかずつ塊にして数える操作と思います．その中に4個ずつ同じ物品が入った箱が3個あれば，物品の総数は 4 + 4 + 4 個ですが，加法の反復（3個の4を足す）操作を 4 × 3（= 12）という乗法に置き換えるわけです（図 1.7）．それによって加法を反復するより

図 1.7　4個ずつ入った箱が3個（4 + 4 + 4 = 4 × 3）

も速く，誤りも少なく計算できます．

乗法の起源もかなり古く，前述のように古代バビロニアの粘土板に多数の乗算用の表があります．現在の我々は 9×9 までの乗積表（いわゆる乗法九九）を記憶して使っていますが，六十進法となると補助の乗積表が欠かせないでしょう．

乗法について次の基本的な関係（公式）があります．

交換法則：$a \times b = b \times a$　　　（**可換法則**ともいう）

結合法則：$(a \times b) \times c = a \times (b \times c)$

加法との関連で**分配法則**：

$$a \times (b + c) = (a \times b) + (a \times c)$$
$$(a + b) \times c = (a \times c) + (b \times c)$$

注意　加減法と乗法の混じった式では乗法を優先するという規則があるので，分配法則の右辺でのかっこは不要ですが，慣れない方のためにかっこをつけておきました．また左分配法則と右分配法則は乗法の交換法則があれば一方だけで十分ですが，念のために両方並べました．

分配法則を適用するときに，うっかりある項に乗数を掛け忘れて，結果的に $a \times (b + c) = a \times b + c$ といった計算をする誤りが頻発しています．冗談でこれを「不公平分配法則」（もちろん誤り）とよぶ皮肉屋もいます．分配は全員に公平に実行しなければいけません．□

ところで乗法に関するこれらの諸法則は，加法の場合ほど自明とは思われません．以下普通によくある説明を試みます．

交換法則は図 1.8 のように縦横に整然と並べた方形配列を考え，縦横どちらもそれぞれの並びごとに数えてまとめれば

総数は同じと説明します．しかし単位にこだわって例えばみかんを3人に1人2個ずつ配る総数の計算で，2個×3＝6個を正解とし，3×2とすると誤りという先生が多いというのが気になります．3人にまず1個ずつ配り，それを2回反復したと考えれば3×2＝6個で正しいでしょう．これは交換法則2×3＝3×2の説明にもなると思います．

第5章で述べるように今日の専門の数学では $a \times b$ と $b \times a$ が等しくない「交換法則が成立しない乗法」が普遍的ですが，小学校の段階からそれを意識しすぎるのは疑問でしょう．

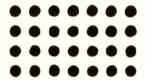

図1.8　乗法の交換法則：$4 \times 7 = 7 \times 4$

分配法則は図1.9のように，2種類の品物が同数個ずつ入っている箱を考え，全体の数を各種類ごとに計算して加えても，一まとめにして計算しても結果は同じ，という説明が普通です．2種類の品を配るといってもよいでしょう．

図1.9　分配法則：$(3+2) \times 4 = 3 \times 4 + 2 \times 4$

案外面倒なのは結合法則です．図は略しますが3次元の直方体状に並べた配列で3個の数の積を説明するのが自然なようです．結合法則は3個の数に関連するだけに意外にわかりにくいようです．交換法則と結合法則により，3個以上の数

の積をどのような順序に計算しても結果は同一になります．

乗法の計算技法や九九の表については，小学校で指導されている標準的な手法で特に問題点はないと思います．なお乗法の逆演算に相当する「除法」は，便宜上余りのある整数の除法を第2章で，一般的に分数になる場合を第3章で扱います．

乗法のモデルとしては，上述のように何個かずつをまとめて扱う基数の立場が有用です．しかし序数の立場に立って飛び石モデルを想定するなら，加法は「ずらし演算」と考えられます．その場合乗法は，1の前に0を置いてこれを不動の基準点とし，全体を乗数（掛ける数）だけ拡大する演算と考えられます．英語のmultiplyは「大きくする」という意味を含み，まさにそのニュアンスです．この考え方は，次章で述べる負数の積の折に有用です．

乗法九九について

乗法の基本的な乗積表（以下乗法九九とよぶ）について一言します．現行の小学校では2数の大小にかかわらず，すべての2数の組合せを含めた**総九九**が使われています．しかし昔は $a \times b$ で $a \leq b$ に限った（小さい方からの順）**順九九**が使われ，一時期両者の間で大論争がありました．実際江戸時代から明治までは順九九だけで，乗法の交換法則を当然の前提としていました．ニサンガロクはよいが，サンニハロクというと叱られないまでも違和感をもつ年配の方が多かったようです（子供の頃の経験）．これは当時算盤による割り算九九が実用されていて，$a > b$ である対に対する「九九」は

「$10 \times b$ を a で割った商と余り」を並べた割り算九九の表現だったため，混同を防ぐ方策でした．

割り算九九では例えば三二六十二とは $(2 \times 10) \div 3 = 6$ 余り 2 を意味します．大正期に総九九に変わったのは，割り算九九がもはやあまり使われなくなった影響で，時流の変遷を伺わせる一例です．

理論的には前節で述べたように $N (\geqq 2)$ を基底数とした「N 進位取り記数法」が可能です．そのとき乗積表は全体（総九九）で $(N-1)^2$ 個になりますので，N が小さいほど有利になります．極端な場合二進法では $1 \times 1 = 1$（と 0 を掛ければ 0）だけで済みます．反対に N が大きいと「N 進九九」は大量になります．

一時期インドで二十進法的な「19×19 までの九九」が教えられている話がもてはやされました．これがインド古来のものなのか英国から輸入されたものなのか，また実際の乗算計算にどう活用されていたのか気にかかったことがあります．覚えるだけなら百進法にして 99×99 までの乗積を全部覚えることは可能なようです．しかしそれを活用した速算が自由にできるのはやはり限られた「名人」だけで，一般向けではないと思います．

ところで加法・減法は両者が同じ単位の量でないと意味がありませんが，乗法については両者の単位が異なるのがむしろ普通です．それが他の量の「定義」になることもあります．例えば，

　　移動距離（長さ）＝ 速度 × 時間

という公式は，長さと時間を基準とすれば速度の定義式で

す．もちろん速度が既知ならば，時間を知って総移動距離を計算したり，距離を知って所要時間を予測したりするのにも活用できます．$a \times b = c$ という形の公式・法則の大半は，同様にある量の定義式であると同時に，その中の2量から第3の量を計算する方法を与えます．「単位当たりの量」の概念が小学校算数の難関の一つとされていますが，$a \times b = c$ という関係があるときには「a, b, c のいずれも他の2量で定まる」という基礎の理解が難しいのでしょうか．

乗法ではかえって同一単位の量どうしの積の意味が薄いようです．縦の長さ×横の長さ＝長方形の面積 といった公式も，縦の長さ（側長）と横の長さ（幅）を別種の量と見て，その積によって面積（という新しい量）を定義する，とでも考えたほうが理解しやすいかもしれません．単位の換算も，A の単位＝B の C 単位 という**換算率**が明確なら，A, B それぞれで測った量 a, b に対し，$a = b \times c$ という公式で換算できます．第3章で述べる分数も「単位の換算」という一面があります．教育上ではこの種の自由な発想・解釈を許容すべきです．

なお乗法が順序と整合性をもつ：$a < b$ ならば $a \times c < b \times c$ ということも（$c > 0$ である限り）明らかですが，負数を導入すると要注意です．

少し先走りますが，負数 c を $a > b$ に掛けると大小の順が逆転して $ca < cb$ となります．これは $(-c) > 0$ を掛けた $(-c)a > (-c)b$ に $c(a+b)$ を加えて分配法則を使い，$cb > ca$ となると理解するとよいでしょう．正負不明の数を無雑作に掛けてはいけません．

第4節　自然数の構成

以上素朴な「自然数の体系」を見てきましたが，現在の数学では「自然数」を改めて公理的に定義して構成し直すことを考えます．その方法にもいろいろありますが，以下では「自然数が一列に並んでいる」ことに着目して，数学的帰納法を中心に据えた「ペアノの公理」に基づく方法を標準として解説します．

歴史的にはその他に，デデキントによる公準系で規定する方法（ペアノの方法の原形）や，フレーゲによる論理的に定義する方法などがあります．それらについては最後に簡潔に考え方を説明します．

数学的帰納法

自然数全体が次々に一列に並んでいるという特徴を捉えた典型が次の数学的帰納法による証明です．**帰納法**とは元来はいくつかの実例から法則を予測する論法を意味しますが，以下の数学的帰納法は完全な論証規則です．

> **数学的帰納法:** 自然数 n に関するある命題 $P(n)$ がある：
> $1°$　$P(1)$ は正しい．
> $2°$　もしも任意特定の n について $P(n)$ が正しければ，n の次の数 $n'(=n+1)$ についても $P(n')$ が正しい．
> この $1°$，$2°$ が正しければ $P(n)$ はすべての（任意一般の）自然数 n について正しい．

同じことですが，集合を使った次の述べ方もあります：

> 自然数全体からなる集合 N の部分集合 S がある：
> $1°$ $1 \in S$　　（1 は S に含まれる；$\in$ はそれを表す記号）
> $2°$ もしもある特定の数 n が S に含まれれば，$n'(=n+1)$ も S に含まれる．
> $1°$, $2°$ が正しければ S は N 全体と一致する．

　S を $P(n)$ が成立するような n の集合とすれば両者は同じ内容です．ただし実用上では多少の変形があります．例えば $P(n-1)$ と $P(n)$ が正しいとして $P(n+1)$ を導く；あるいは $P(1), P(2), \cdots, P(n)$ が正しいとして $P(n+1)$ を導くなどです．もっともこれらは

　1 から n までのすべての自然数 k について $P(k)$ が正しいという命題を $Q(n)$ とおけば，$P(1)=Q(1)$ であり，$Q(n)$ が正しいとして $Q(n+1)$ を導いたことになるので，単に数学的帰納法を活用する技術上の変形にすぎません．

　数学的帰納法の発見は，自然数全体を統制する思想を確立した重大な進展です．これを確立したのはルネサンス期の数学者たちで，特にパスカルの功績とされています．

　ここでよくある質問の一つ：数学的帰納法の推論で，$2°$ は当然として，なぜ $1°$ を示す必要があるのか？　に一言します．

　多くの場合 $P(1)$ の証明は自明に近く，当然すぎるためにかえってこの種の疑問が生じるのでしょう．しかし $1°$ は必要不可欠です．$2°$ は「もしも $P(n)$ が正しければ」と**仮定しただけ**で，$P(n)$ 自身が正しいことは保証されていない（そこをこれから証明する）からです．

第 1 章　自然数の世界

極端な例ですが，$P(n)$ として正しくない式 $n < n$ を仮定しましょう．もしもこれが正しければ，両辺に 1 を加えて $n + 1 < n + 1$ が出るので $P(n + 1)$ が証明できます．この推論自体は数学的には正当ですが，そもそも $P(1):1 < 1$ が正しくないので結論は誤りです．1° は少なくとも一つのある n で，$P(n)$ が実際に正しいことを保証するために不可欠の前提なのです．

$n = 1$ ではなく例えば $P(3)$ が正しいことを示して，2° と組み合わせて命題 $P(n)$ は「3 以上の自然数について正しい」と証明する場合もあります．しかしそれは n をずらして $P(n + 2) = R(n)$ として，$R(n)$ について数学的帰納法を使ったのと同じですから，やはり使用法の変形にすぎません．

数学的帰納法の一つの応用として**帰納的定義（再帰的定義）**があります．自然数 n を含む量 a_n について次の命題が成立するとします．

1° a_1 が定義される．

2° a_n が定義されていれば，それから a_{n+1} が定義される．

このときすべての自然数 n について a_n という量が定義される，というのが帰納的定義です．以下のように自然数を公理的に導入した後で，それらの演算は帰納的定義によります．

再帰的定義

公理（要請）によって何かの体系を定義（構成）しようというときには，出発点としていくつかの**無定義要素**を設定せざるを得ません．できるだけ多くの基本用語を説明しようとしますが，それを進めれば際限のない問答の連鎖になりま

す．数学ではそれをある段階で打ち切り，いくつかの基本的な要素について（もっともらしい名前をつけますが），それらが「何であるか」ではなく，「どういう性質や関係をもつものなのか」を規定し，その上で議論を進めます．もちろん必要に応じてさらに掘り下げ，別の出発点から始めることもありますが，ともかく何らかの前提（それ自体はとりあえず承認して）から出発します．

自然数については「次々に一列に並んでいる」という性質に着目すると次のように定義するのが自然でしょう：

$1°$ 1 は自然数である．
$2°$ 任意特定の自然数 n に対し，n の次の数 $n'(= n+1)$ が唯一つ存在する（「次の」は無定義要素）
$3°$ 以上のように定義して得られる数だけが自然数である．

その全体を $\boldsymbol{N}$ と表します．便宜上 $1' = 2,\ 1'' = 2' = 3$ といった慣用の記号を略記号として使います．

このように同一の操作（上では $n \to n'$）を反復して全体を構成するとき，特に**再帰的定義**とよびます．

この考えはデデキントに始まり，後にペアノが次のような**ペアノの公理系**に整理しました．

$1°$ 1 は自然数である．
$2°$ 各 n にその次の自然数 n' が対応する．
$3°$ $2°$ の対応は一対一，すなわち $m' = n'$ なら $m = n$ である．

第1章 自然数の世界

> 4° 1はどの n の次の数でもない．
> 5° 数学的帰納法の原理．

　この公理から始めて，加法・乗法の演算や順序関係を定義し，それが通常の諸公式を満足することを示します．その入口を後に記述します．その詳細は多くの教科書に記述がありますので，それらを参照ください．

　もしも N 全体の任意の部分集合を自由に扱ってよい立場に立てば，上のようにして定義される体系は一通り（別のものを作ってもすべて対応がついて実質的に同じ）であることが証明できます（公理の**範疇性**）．しかしそれを許さない「1階述語論理」の世界では，いろいろの「非標準的自然数」（超準自然数というべきか）の体系ができます．もっともそれらは数学の理論上だけの興味かもしれません．

　他方その体系の「**無矛盾性**」（それから矛盾が導かれないこと）はヒルベルトらの努力目標でしたが，結局ゲーデルの不完全性定理（無矛盾性はその体系の内では証明できない）によって挫折しました．しかし外部からの「弁護人」があれば証明できます．実際ペアノの公理に基づく自然数の体系が無矛盾であることは，ゲンツェン（1937年）が「最初の ε 数までの超限順序数」を使って証明しました．現在ではもっとわずかの補助でもっと簡潔な証明もされています．現在では自然数，したがってそれから拡張される有理数（整数・分数）の体系の無矛盾性を疑う数学者は，皆無といってよいでしょう．

加法の定義

自然数の間の加法は次のように帰納的に定義されます．

> x に対して $x+y$ を y に関して帰納的に定義する．
> $1°\ x+1 = x'$
> $2°\ x+y$ が定義されたとき，$x+y' = (x+y)'$．

このようにして抽象的に $x+y$ が定義されましたが，これが基本的な諸公式を満足することは証明を要します．一例としてコラム 2 に加法の交換法則の証明を記しておきました．結合法則なども同様に数学的帰納法で証明できますが，それは興味ある読者の演習課題としておきます．

注意 自然数を 0 から始めると，上の定義の $1°$ は $x+0 = x$ で済みます．その他議論が簡易化される点が多いのですが，伝統的に 1 から始めても若干手数が増すだけです．

前に自然数の定義で $n'(= n+1)$ と書いた（（ ）内は注釈）のは，加法の定義 $1°$ と合っています．加法の定義が完了するまで $n+1$ とせずに n' で通したのも，混乱を防ぐ意図でした． □

同様に**乗法**は分配法則を念頭に置いて次のように再帰的に定義されます．

> $1°\ x \times 1 = x$
> $2°\ x \times y$ が定義されたとして，$x \times y' = x \times y + x$

これから乗法の交換法則，結合法則，加法との分配法則を数学的帰納法で証明するのは，しんどい作業ですが丹念にやればできます．詳細はその方面の教科書を参照ください．

自然数の順序関係は，加法を使って $x + z = y$ である自然数 z が存在するとき $x < y$ (y は x より大きい) と定義します．これが順序の公理および加法・乗法との整合性を満たすことは，すでに証明された諸公式によれば手間はかかるが容易にできます．

順序関係で基本的なのは前に述べた次の性質です．

> 自然数 N の部分集合は必ずその中の最小数を含む．

この証明は可能ですがかなり大変です．この本では省略します．ただこの結果は後にしばしば使いますので信用してください．

その他の構成法

前述の構成法はいわば**記号的自然数**ですが，**集合的自然数**といった構成法もあります．要素を含まない**空集合** ϕ を 0 とし，空集合からなる集合 $\{\phi\}$ を 1 とします．$\{\phi\}$ は「空集合という要素からなる集合」であって，それ自身は空集合ではありません．この方法を発案したツェルメロは以下

$$2 = \{1\} = \{\{\phi\}\}, \quad 3 = \{2\} = \{\{\{\phi\}\}\}, \cdots$$

と定義しました．この方法は簡便ですが使い勝手が悪く，現在では次のような形に修正して使われています．

$$0 = \{\phi\}, \quad 1 = \{0\}, \quad 2 = \{0, 1\}, \quad 3 = \{0, 1, 2\}, \cdots$$

この場合自然数は 0 から始まります．無 (ϕ) が数とは不審だというより，「無こそ数の源泉」(数は無から生じた) と考えるべきでしょう．

コラム2　加法の交換法則の証明

　自然数を再帰的に定義して加法を定義したとき，それが基本的な諸公式を満足することを証明する必要があります．その一例として加法の交換法則を数学的帰納法によって証明します．結合法則なども同様にできます．難しくはないがいちいち厳密に確かめる必要があり，根気の問題です．なお以下で等式の後にかっこ内に記したのは，その等式を保証する根拠です．定は定義式，仮は帰納法の仮定，数字は補助定理の番号を意味します．

補助定理 1.1　$1 + x = x'$

　証明　xに関する数学的帰納法による．$x = 1$のときは

　　$1 + 1 = 1'$　　（定）

で正しい．xのとき正しいとして$1 + x'$を考える．そうすると次のようになってx'のときも正しい．

　　$1 + x' = (1 + x)'$　　（定）
　　　　　$= (x')'$　　（仮）　□

補助定理 1.2　$x' + y = (x + y)'$

　証明　yに関する数学的帰納法による．$y = 1$のときは，

　　$x' + 1 = (x')'$　　（定）
　　　　　$= (x + 1)'$　　（定）

で正しい．yのときに正しいとすると以下のような計算になる．

$$x' + y' = (x' + y)' \quad \text{(定)}$$
$$= ((x + y)')' \quad \text{(仮)}$$
$$= (x + y')' \quad \text{(定)}$$

結果として y' のときも正しい．□

定理 1.3 $x + y = y + x$ （交換法則）

証明 x に関する数学的帰納法による．$x = 1$ のときは，

$$1 + y = y' \quad \text{(補 1・1)}$$
$$= y + 1 \quad \text{(定)}$$

であって正しい．x のとき正しいとすると

$$x' + y = (x + y)' \quad \text{(補 1・2)}$$
$$= (y + x)' \quad \text{(仮)}$$
$$= y + x' \quad \text{(定)}$$

であって x' のときも正しい．□

このような基本的な定理の証明は誤りやすいので，各等式の変形の根拠を一つひとつ示しました．普通の教科書ではこのような記述はしていませんので，各自で推移を注意深く追う必要があります．

ここでついでによくある質問：「漸化式で帰納的に定義された数列 a_n の具体式をなぜ計算する必要があるのか」について一言します．たしかに漸化式によって，a_n は抽象的にすべての n について定義されています．しかしそれだけでは例えば a_{1000} の値を具体的に求めるのに千回（近く）計算が必要です．まして $n \to \infty$ のときどのように振る舞うかなどは，予測できても決定的なことはわかりません．もしも a_n が n の具体的な式で表され

る(これは極めて幸運な場合ですが)ならば,直接にa_{1000}が計算できるし,また a_n 全体の挙動もわかります.

平凡な一例ですが,$a_0 = 0$, $a_1 = 1$; $n \geqq 1$ では漸化式

$$a_{n+1} = \frac{2a_n}{n} + a_{n-1}$$

で順次定義される数列 a_n は,実は $a_n = n$ です.初めのほうは少し調べれば予想でき,その結果を数学的帰納法で証明するのは容易です.漸化式のままのときと,$a_n = n$ と明示された後で気分はいかがでしょうか?

この疑問はまた「a_n の定義」について,抽象的に確定すれば十分とするのか,もっと立ち入った具体的な表現をも望むのかといった(心理的な)差に基づくのかもしれません.

第 2 章

整数の世界

第 1 節　負の整数

負数の歴史

　現在の我々は，気温や標高などで標準以下の値を，「負の数」として表現するのにさして抵抗感をもつことはないと思います．真冬のカナダでは通常気温にマイナスとか氷点下とつけず，単に 15 度（氷点下 15 度の意味で）とよび，とくに「高温」のときには「本日の最高気温はプラス 2 度」という由です．これは普遍的な対象は簡単に表現するという例ですが，正負が「逆転」した世界の一つの実例と思われます．

　しかしヨーロッパでは古代ギリシャからの伝統で，負数に対する抵抗感が根強く，19 世紀になってもなお負数を拒否した数学の本が書かれたとのことです．

　マイナス掛けるマイナスはプラス

その理由を議論する必要なし

といった詩も残っています．なお「その理由」は少し後で考察します．教育の方便としての課題面では，次章の分数の乗除計算について類似の議論をすることにします．

　古代のバビロニア（メソポタミア）の書記たちが負数を知っていたかは不明ですが，彼らは後のギリシャ人と比較すると，よくいえば大らかに，悪くいえば無頓着に数を扱っていたので，負数にもさほど抵抗感はなかったかもしれません．

　東洋ではかなり古くから負数が使われていました．永らく中国最古の数学書とされてきた『九章算術』（AD 100 頃の編集書）では，赤と黒の算木で正と負の数を使い分けて計算しています．近年発掘された前漢初期（BC 200 頃）の『算数書』は当時の役人のための教科書であり，借金など今日我々が見ると「負数」を扱っているように見える記述もありますが，本質的・積極的に使っているとは思われません．もちろん当時の「専門家」が負数を知っていたかどうかは別の問題です．

　インドではかなり古くから負数の概念が明確に捉えられていました．6 世紀頃のアーリアバータは，今日の我々から見ても完全な負数の演算規則を記述しています．16 世紀にクリシュナがバースカラⅡ世の『ビージャガータ』につけた注釈では，「負数は逆向き」を意味するという優れた見解を堂々と論じています．

　ヨーロッパでは負数は量の概念とは別個の道をたどって導入されたようです．そのためかなり後世まで抵抗感が残りました．そのもととなった古代ギリシャ人は，自然数を個数と

捉え，加減算を対象の付加・除去と考えたために，5－3＝2はよいが3－5は不可能（無意味）としたようです．

そのあたりを掘り下げると，数の概念に関する興味深い題材になります．数学の理論では負数は，加法の逆演算である減法をつねに可能にするために導入されたものです．しかしそれを「具体的」に理解するためには，自然数を個数としてだけでなく，順序・向きづけ・移動といった面から改めて捉え直す必要があります．数の加減を増減あるいは移動と把握すれば，負数に対する抵抗感は緩和されると思います．

負数の導入

以下の説明は飛び飛びの整数だけでなく，連続的な数直線を考えても成立しますが，当面整数に限定します．

自然数は直線（数直線）上に等間隔に並んでいると考えられます（図2.1）．左から右へ進むように書くのは左横書きの文章を記すヨーロッパの伝統ですが，今日では慣用です．自然数の世界では1が最左端ですが，その左に0をつけ加えてもよいでしょう．とすればそれよりもさらに左に等間隔に点をつけ加えるのに支障はないと思います．

このモデルでは整数の加法は右への移動と解釈できます．逆に減法は左への移動です．だとすれば3－5は無意味ではなく，3から左へ3移動して0に達した後，さらに2（＝5

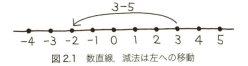

図2.1　数直線，減法は左への移動

−2)だけ左へ移動した結果と解釈して不自然ではありません．むしろ1より左は立入禁止とするほうが不自然です．

数直線の「**基準点**」として0を採用し，右側に順次1，2，3，…と置くのと対称的に，左にも数をとって右側の対応するnには**負号**をつけて$-n$（-1，-2，-3，…）とします．こうすれば$3-5$は3から左へ5だけ移動した結果であり，自然に-2になります．このようにすれば負数（$-n$）は自然に導入されます．

負数に対してこれまでの数を**正の数**とよびます．正数と省略してもよいが，整数と音が同じで混同しやすいので，「正の数」と書きます．あわせて「負の数」というべきですが，このほうは同音語がないので負数と略記します．正の数であることを明示する必要があるときには，正の符号＋をつけて$+3$などと表現します．

上述のように線分の長さを移動と考え，その向きによって正負の符号をつけた**有向線分**を考えると，線分の長さの和において端点の順序を気にせず扱えます．

厳密にいうと負号−は減法の記号−（マイナス）とは別物です．実際一部の電卓では両者を区別し，負号のキーを（−）と表現して別に設定しています．-1も$\overline{1}$とでも記すと便利なことがありますが，印刷の都合でこの記号は避けます．

昔の中国人や和算家が算木を使って計算するときには，正の数は赤（陽），負の数は黒（陰）の算木を使いました．紙に書いて色分けが困難なときには，負数にはその数に斜めの線を書き加えて表示しました．黒と赤が今日の簿記の黒字・

赤字と逆ですが，それは単なる習慣の差にすぎません．

また−1をマイナス・イチと読む習慣は厳密にいうと不適切です．中国ではフー・イー（負一）であり，日本語でも「負の一」と読むほうが適切かもしれません．英語でも−1をminus oneとはいわず，negative oneというのが標準です．

ここでちょっと脱線：今日多くの駅で1番線の先（手前）に0番線があります．かつて大阪駅の改良工事の折に，大阪環状線のプラットフォームが0番線の先にできるとされ，工事関係者はそれを仮に「−1番線」とよんでいました（そう記入した設計図が残っています）．これが完成後に正式の名になっていたら面白いと思いましたが，結局完成後には「環状1番，2番線」になりました．現在では駅全体が再改造されて，単なる1番，2番線となり，−1番線は幻に終わりました．この−1は2, 1, 0と進んだその次という意味であり，1を「否定」する意味ではありません．

正の数（と0）mについてはmそのまま，負の数$-n$については負号を除いたn（正の数）をその数xの**絶対値**といって，$|x|$と表します．これは基準点0からの距離を意味します．

上述の数直線モデルで左にある数が右にある数よりも小さいとして，「順序の概念」を負数に拡張できます．負数はつねに0よりも，また正の数よりも小です．負数どうしでは，絶対値の大きいほうが小です．しかしそういうと誤りやすいので，「非常に小さい負数」とはいわず，「絶対値が非常に大きい負数」という表現をしたほうが無難と思います．

第2章 整数の世界

余談ながら0をはさむ数の数え方に若干気になる点があります．日本語では普通建物の入口が1階であり，地下1階はB1階と表記します．これを−1階とすると0階が飛んでしまいます．西暦紀元も普通AD 1年の前年がBC 1年で0年がありません（それを0年としてBCを負数で表す流儀もあるらしいが）．欧米では入口がGround Floor（地階）でそのすぐ上を1階とする場合が多いので，地階を0階とすればうまくつながります．単なる習慣であり，上層階と地下階を別々に数えると割り切れば問題は少ないが，両者にまたがる移動では，差の計算の補正に注意がいります．

正，負の整数に0を加えた体系を $\boldsymbol{Z}$ と表します．ドイツ語の ganze Zahlen（整数；複数形）のZをとった記号です．

負数の演算（1）加減法

負数を込めての**加減法**は，前述の移動のモデルで定義できます． $m + n$ は n が正なら n だけ右へ， n が負なら $|n|$ だけ左へ m を移動した結果です．それをまとめると結果的には $m + n$ は次のようになります．

---
m と n が同符号のときには $|m| + |n|$ に同じ符号をつける．
m と n が異符号のときには絶対値が大きいほうから小さいほうを引いて，絶対値が大きいほうの符号をつける（ $|m| = |n|$ なら0）．

$m - n$ は n の**反数**$-n$（n の符号を変えた数）を m に加えるという形で演算できます．

手計算の場合はこれでよいが，コンピュータ内の計算でこのような場合分けをしていては非効率なので，次のような「げたばき表現」（これは俗称）がよく使われます．すなわち負で十分に絶対値が大きい（数としては非常に小さい）基準数$-M$を用意して，すべての数をMだけ加えた（Mを基準にした）正の数で表現します．そうすれば加法は両数を加えて基準数Mを引けば済みます．ごく小さいモデルですが，10未満の数を$M=10$として扱うと，例えば2, 3, -5はそれぞれ12, 13, 5と表され，計算はすべて同じ方式で

$2+5$　　は $12+15-10=17$ （7を表す）

$5+(-3)$ は $15+7-10=12$ （2を表す）

$2+(-3)$ は $12+7-10=9$ （-1を表す）

のように進みます．減法は$2M$から引いた値として反数を作って加えればできます．正と負とで絶対値の増加する方向が逆なのはとかく混乱を生じやすいので，基準点を離れた位置にとって順序を一方向に揃えた「げたばき表現」が，限られた数の範囲では有効な場合がよくあります．この考えはある種の計測器に使われています．

　数学の理論そのもので大事なことは，このように加法演算を負数にまで拡張したときに，基本的な法則（交換法則，結合法則など）がそれまでと同じように成立することを確かめる必要がある点です．それらは難しくはありませんが，決して「自明」な事実ではなく，一つひとつ確かめる必要があります．ここでは興味ある読者への演習としてこれ以上解説しません．数学の学習に当って，ときとしては一見当然なような事実でも，一歩一歩厳密に確かめて進む努力を怠ってはい

第2章　整数の世界

けません．

負数の演算（2）乗法

乗法は何倍かするというイメージが有用です．負数-1を掛ける操作は，前述のクリシュナが喝破したとおり，基準点0を中心としてすべてを逆転させる操作です．$-n$倍はn倍してから-1倍（反転）する操作と解釈できます．-1倍が**反転**という考えは，ずっと後に複素数を平面上に表す折にも有効です（第5章第1節参照）．その立場から見れば，よく問題になる$(-1)\times(-1)=+1$は「2回反転すればもとに戻る」というしごく当然の結論です．

しかしそれだけではあまりに簡潔なのでもう少し別の観点から考えましょう．乗算を　速度×時間＝移動距離　というモデルで捉えます．

前述の数直線で右向きの移動速度を正とします．1時間単位（以下便宜上1秒とする）ごとに1だけ右に動くとき，速度が$+1$です．速度が-1とは毎秒1だけ左へ動くことを意味します．現在の時刻を基準として，未来を正の時間とすれば，負の時間とは，その絶対値だけ以前（過去）の時間です．そうすると積は次のように解釈されます（図2.2）．

1×1とは毎秒1単位右に移動して1秒後の位置が1
$(-1)\times 1$とは毎秒1単位左に移動して1秒後の位置が-1
$1\times(-1)$とは毎秒1単位右に移動して1秒前の位置が-1
$(-1)\times(-1)$とは毎秒1単位左に移動して1秒前の位置が1

こう考えれば$(-1)\times(-1)=+1$は自明に近い事実です．

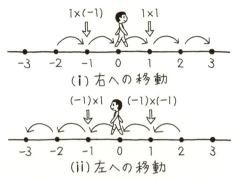

図 2.2 (i) 右への移動　(ii) 左への移動

　私が（旧制）中学校で習った教科書にも，このような説明がありました．たぶん今でも同様の説明が載っているのでしょう．何かはぐらかされたような気持ちでしたが納得しました．

　しかし$(-1) \times (-1) = +1$は，今でも「よくある質問」の一つなので，以下でもう少し説明します．ただこれは明治以降，負数に抵抗感の強いヨーロッパの数学が輸入されて以後に普及した疑問で，江戸時代までの日本人はたいして不思議とは思わなかった（和算には特に言及した記録がない）という説があります．記録がないのと，実際になかったのとは違いがあるにせよ，案外それが真相かもしれません．

なぜ$(-1) \times (-1) = +1$か？

　すでに一応解説はしましたが，よくある質問なので改めて述べます．前述のような方向をつけた移動による説明が普遍的です．

数学的な「証明」は，四則演算の諸公式，特に分配法則が負数を含めた体系でも成立つという要請（仮定）に基づくものです．分配法則から

$m \times n = m \times (n + 0) = m \times n + m \times 0$
 $\Rightarrow \quad m \times 0 = 0$

です．同様に $(-m) \times 0 = 0$ です．この関係にも注意します．そうすると

$m \times [n + (-n)] = m \times n + m \times (-n)$ が $m \times 0 = 0$ に等しいので，$m \times (-n) = -(m \times n)$ です．さらに

$[m + (-m)] \times (-n) = m \times (-n) + (-m) \times (-n)$
$\qquad\qquad\qquad = (-m) \times (-n) + [-(m \times n)]$

が $0 \times (-n) = 0$ に等しいことから，必然的に

$(-m) \times (-n) = m \times n$

でなければなりません．□

もっともこの推論を「証明」とよんでよいかは，多少議論のあるところでしょう．教育的にはこれだけで終わらず，さらにいろいろと説明を試みることは重要です．$1 + (-1) = 0$ も電子（1）に陽電子（電子の反粒子；-1）がぶつかると対消滅する，といった現象が案外理解しやすいモデルかもしれません．しかしここまでくれば，もう次の規則を鵜呑みにしてよいでしょう：

乗法は絶対値を掛けて，乗数中の負号が奇数個なら−，偶数個（0個も含む）なら＋の符号をつける．

以下「整数」というときには正，負の整数と 0 を総称した意味に使用します．自然数は正の整数と一致します．

負の累乗指数

a を正の数としたとき，a の自然数 n 乗は $a \times a \times \cdots \times a$（$a$ を n 個）です．これは指数法則 $a^m \times a^n = a^{m+n}$ を満足するので，指数を 0 および負の整数に拡張して
$$a^0 = 1, \quad a^{-n} = 1 \div a^n \ (n > 0; \text{除法を既知として})$$
と考えるのは自然です．少し先走りますが，こうすると例えば 35×10^{-4} とか 3.5×10^{-3} は小数 0.0035 を表すことは明白でしょう．このような数値表現は物理学などではおなじみと思います．次章で分数を扱うときにも，a の逆数を a^{-1} と表記したり，分数 $\dfrac{3}{4}$ を $2^{-2} \cdot 3^1$ と「素因数分解」したりすることを考えると便利です．ただし指数そのものは整数に限定するのが無難です．（コラム 11 参照）

第 2 節　素数とその周辺

整数の整除性

整数の世界では乗法の逆の除法は必ずしもできません．すなわち 2 個の整数 m, n に対して，必ずしも $m = n \times k$ という整数 k はありません．そのような整数 k があるとき，m は n で**割り切れる**とか，n は m を**整除する**といい，また m を n の**倍数**，n を m の**約数**とよびます．約数のことを**因数**ともいいますが，厳密にいうと後者は n が m の構成要素の一つというニュアンスです．1（負数も入れれば -1 も）はあらゆる整数の約数であり，特に**単数**とよばれます．

除法をいつでも（といっても 0 で割ることを除く）可能にするためには分数の概念が必要ですが，これは次章の話題に

します.ここでは「余りを出す除法」を扱います.

よくある質問の一つとして,なぜ **0 で割る**ことができないのか?「ワルモノ(割る物と悪者)に注意」となぜうるさくいうのかについて一言しましょう.これは分配法則から必然的に生ずる結果です.

前項でも述べましたが,0 は任意の数 a に対して $a + 0 = a$ を満足します.これに任意の数 b を掛ければ

$(a + 0)b = ab \Rightarrow ab + 0b = ab \Rightarrow 0b = 0$

となります.したがって $0x = 0$ はすべての数 x において成立し,$y \neq 0$ ならば $0x = y$ を満たす x はあり得ません.これが「0 で割ることができない」ことの意味です.

負の整数については後に注意することにして,しばらく正の整数(自然数)に限定します.m, n を正の整数として,$m > n$ とします.m から n を引くと $m - n < m$ であり,この操作を反復することで次々に小さくなる数の列 $m - n$, $m - 2n$, $m - 3n, \cdots$ ができます.正の整数の減少列が無限に続くことはないので,どこかで $m - kn \leq n$ となります.ちょうど n に等しければ,もう 1 回引いて $m - (k+1)n = 0$ とできます(このとき m は n の倍数).まとめると:

$m > n > 0$ である整数 m, n に対し,ある自然数 q で
$$r = m - nq \text{ が } 0 \leq r < m \tag{1}$$
であるようにできる.いいかえれば
$$\underset{\text{実}}{m} = \underset{\text{法}}{n} \times \underset{\text{商}}{q} + \underset{\text{余}}{r},\ 0 \leq r < m \tag{2}$$
と表される.しかもこのような q, r は一通りに定まる.

式 (2) の文字の下に記した漢字は昔の和算の用語です．今日では余は**剰余**とか**余り**とよばれます．**商**は現在でも使われますが，他はそれほど使われません．ただ専門の整数論では，

　　　n を法として計算；n を法として a, b が合同

といった用語が慣用です．これは n を除数（法）として割った剰余に注目する；n で割った剰余が a, b について等しい（つまり $a - b$ が n の倍数）という意味です．この表現に抵抗感をもつ初心者もいるようですが，「法」という語が法律ではなく，割る数の意味だと知れば悩む必要はないでしょう．

　余りのある除法で関係式 (2) が基本であり強調されています．しかしこの場合，剰余の範囲 $0 \leq r < m$（剰余は除数より小さい）が本質的です．ただ計算の都合により，途中で一時的に「負の余り」例えば $23 \div 8 = 3$ 余り (-1) といった演算を許容する場合もあります．正式の用語ではありませんが，余りを $0 \leq r < m$ の範囲に収めたとき**正規化された余り**とよぶことにします．もちろん以下では特に断らない限り，余りは正規化されているものと約束します．

　負の整数 m を正の整数 n で割るときには，m の絶対値 m' ($=-m$) を n で割った商を q，余りを r とするとき

　　　$m = -m' = n \times (-q) + (-r)$,　$-n < -r \leq 0$

の形で負の余り $-r$ を作ることもあります．しかし数学の理論上では割り切れないときには原則として余りを正規化して

　　　$m = n \times (-q - 1) + (n - r)$　$0 < n - r < n$

とするのが通例です．例えば $-13 \div 4$ は商 -3，余り -1 でなく，商 -4，余り 3 とします．除数が負の整数の場合も同様に，例えば $(-13) \div (-4) = 4$ 余り 3, $13 \div (-4) = -4$ 余り 3 と，余りが正で除数の絶対値より小さいように表現します（正規化された余り）．もちろん割り切れるときには余りを 0 として普通の商をとります．

小学校で学習したと思いますが，2 個の整数 m, n をともに割り切る共通の約数を m, n の**公約数**といいます．「公」は「共通な」の意味です．公約数のうち（正で）最大なものを**最大公約数**といいます．同様に m, n の両方に共通な倍数を**公倍数**といい，その中で正で最小のものを**最小公倍数**とよびます．

このような整数の整除を扱う折に基本となるのは**素数**の概念です．1 以外の正の整数で，1 と自分自身以外に約数をもたない数を素数といいます．2, 3, 5, 7 などがその一例です．1 を素数としない理由は後に説明します．素数の積で表される数，例えば $6 = 2 \times 3$, $35 = 5 \times 7$ などを**合成数**といいます．

素数を巡っては整数論の広大な世界がありますが，この本ではごく基本的な話の一端を解説するだけです．

互除法

すぐ後に示すように，任意の自然数は素数の積に（一通りに）分解できるので，それらを比較すれば 2 数 m, n の最大公約数が求められます．しかし与えられた 2 個の自然数の最大公約数 d を直接に効率よく求める算法が，「ユークリッド

の互除法」です．それを以下に解説します．

　もっともユークリッドの『原論』第7巻にある原形は次のような，むしろ**互減法**あるいは**相互差引**ともいうべき算法でした：

$1°$　m と n を比較せよ．
$2°$　$m = n$ ならばその値が最大公約数 d である．完了．
$3°$　$m < n$ ならば m と n を交換せよ，$m > n$ とする．
$4°$　m を $m - n$ で置き換えよ．
$5°$　$1°$ に戻って反復せよ．

　これは正しく今日のコンピュータプログラムの記述です．手間はかかるがどんな m, n に対しても必ず計算が有限回で完了して，最後に正しい答えが出ます．

　ところで上述の指示をよく見ると，$m > n$ のとき m から n を繰り返し引いて，最後に m 以下の数が残るまで反復することになります．それはまさしく m を n で割って剰余 r を求める操作です．ただし，m が n で割り切れるときは，残りが n の時点で操作を止めて，n を最大公約数とすることになりますが，これは剰余が 0 になったら，そこで止めて除数 n を最大公約数とするのと同じことです．さらに $0 < m < n$ のときには $m \div n$ は商 0，余り m と解釈すれば，交換操作が不要で，結局次のような指示に修正されます．これが**互除法**そのものです．

　伝統的にユークリッドのアルゴリズムともよばれていますが，この名はアラビア語起源で後世の命名です．

第 2 章　整数の世界

> 1° m を n で割って剰余 r $(0 \leqq r < n)$ を求めよ．
> 2° もしも $r = 0$ なら除数 n が最大公約数 d である．完了．
> 3° m を n で置き換え，次に n を r で置き換えよ．
> 4° 1° に戻って反復せよ．

　この操作では $r < n$ であり，次々の除法での剰余は必ず減少しますから，有限回で $r = 0$ となり操作は完了します．

　この算法は極めて効率的です．最悪の場合でも，m, n の小さいほうの桁数の 5 倍以内の回数の除法で最大公約数 d が計算できます（**ラメの定理**）．100 桁の整数を素因数分解することは容易ではありませんが，100 桁の 2 個の数の最大公約数の計算は，互除法の除法 500 回以内で計算できます．多倍長数の除法に多少の手間がかかるとしても，今日の高速計算機では 1 秒の何千分の一以下の時間で済むと思います．

　互除法の操作が有限回で完了することは，剰余が除数よりも真に小さくなり，自然数の減少列は有限で終わることからわかります．最後の除数が最大公約数であることは，剰余が

$$r = m - n \times q$$

を満たすことから，m, n の最大公約数 d が n, r の最大公約数と一致することによります．

　この一連の計算で，剰余 r がそのときの除数 n に近い（具体的には n の半分以上の）ときには，商を 1 増やした負の余りを許して計算すれば，剰余列の減少が早くなって演算回数をさらに減らすことができます．

　ここで互除法の解説をしたのは，素因数分解の一意性の証

明のための補助定理に互除法が活用できるからです（コラム3を参照）．

素因数分解の一意性

任意の自然数 n は素因数の積に分解されます．このことは，素数でなければ，1でも n でもない約数 k があって $n = k \times l$ と書けることから，この操作を反復すると，自然数の減少列が有限で終わるために最後は素数の積で終わるという形で証明できます．主題はその**一意性**です．すなわち順序を問題にせず，小さい素因数から順に並べれば，ただ一通りという結果です．

これは永い間当然の事実と思われていました．それが証明を要する定理であると自覚され，その証明がされたのは18世紀の最後から19世紀の初頭の頃です．現在ではいくつかの証明がありますが，代表的な方法を解説します．この節でいささか技術的なこの証明を紹介するのは，序章で述べた趣旨によるものです．結果を信じる方は飛ばしても構いません．

その基本となるのは次の事実です．これを仮に**表現定理**とよびます．

> **定理 2.1** 任意の自然数 m, n に対して，その最大公約数を d とすると，適当な整数 u, v（正と負）をとって
> $$um + vn = d$$
> と表すことができる．

この証明は技巧的なのでコラム3に載せました．そこでは

第2章 整数の世界

あえて「抽象的」な証明（u, v の存在を示すが求め方は不問）と，「構成的」な証明（互除法によって具体的に u, v を求める）と 2 種を併記しました．どちらを面白いと思うかによって，読者各位の傾向がある程度判定できるかもしれません．数学の歴史を眺めると，「抽象的」な証明が現れてそれが普及するようになるのは，19 世紀の初頭頃のようです．

以下はこの表現定理からの帰結です．

> **定理 2.2** 自然数 a, b の積が素数 p で割り切れれば，a か b か少なくとも一方（両方でもよい）が p で割り切れる．

証明 a が p で割り切れないとすれば，a と p は互いに素である．**互いに素**とは最大公約数が 1（1 以外に公約数がない）という意味で，この意味では「1 は任意の整数と互いに素」である（この「　」内もよくある質問）．

a と p との最大公約数が 1 なので，表現定理から

$ua + vp = 1$

を満たす整数 u, v がある．これに b を掛けると

$b = uab + vbp$

だが，ab と p とがともに p で割り切れるから，b が p で割り切れることになる． □

p が合成数なら定理 2.2 が成立しないことは，例えば 3 も 4 も 6（$= 2 \times 3$）で割り切れないが，両者の積 $3 \times 4 = 12$ は 6 で割り切れることからも見てとれます．

定理 2.2 が「$a \times b = 0$ ならば $a = 0$ または $b = 0$」という 0 の性質と似ていることにも注意しましょう．

定理 2.2 がわかれば「素因数分解の一意性」は次のようにして示されます．いま整数 n が 2 通りに素因数分解された：

$n = p_1 \times p_2 \times \cdots \times p_k = q_1 \times q_2 \times \cdots \times q_l$ (p_i, q_j は素数)

とします．個数が $k \leq l$ として一般性を失いません．定理 2.2 から $q_1, q_2, \cdots, q_l$ の少なくとも一つは p_1 で割り切れなければなりません．順序を換えてそれを q_1 とします．しかし q_1 も素数なので，それが素数 p_1 で割り切れれば $p_1 = q_1$ でなければいけません．そこで上の式から $p_1 = q_1$ を除いてよいことになります．同じ議論を p_2 について行い，それを反復するとついに $p_1, p_2, \cdots, p_k$ はすべて消えて一方の辺は 1 になりますが，そのとき q_j が残っていてはおかしいので $k = l$ であり，$\{p_i\}$ と $\{q_j\}$ とは順序をうまく換えれば $p_i = q_j$ となって両方とも同じ分解になります．□

1 を素数としない理由はいくつかありますが，その一つはこの定理です．もしも 1 を素数とすると，形式的に $1 \times 1 \times \cdots \times 1$ という項を掛けてもよくなり，「一意性」に例外を置く必要が生じるなど，面倒な説明がいるからです．

前にも述べたとおり，素数を巡っては整数論の広大な世界が広がっていますが，それらはその方面の専門書に譲ります．最後に素数 p による剰余系の体系に一言しておきます．

コラム 3　表現定理の証明

本文（69 ページ）に挙げた表現定理（定理 2.1）に対して，抽象的と構成的の 2 種類の証明を述べます．

抽象的な証明： 与えられた 2 個の整数 m, n に対して

第 2 章　整数の世界

$\{um + vn \mid u, v$ は正負のすべての整数$\} = A$

という集合を作る．この集合は次の性質をもつ．

(i) A は加減算で閉じている；すなわち，x, y が A の要素なら，$x + y$, $x-y$ も A に含まれる．

(ii) A の要素の整数 c 倍は A に含まれる．

注意 このような性質をもつ整数の集合 A を**イデアル**といいます．変な名ですが歴史的な由来があります．その由来は略しますが，ここでちょっと脱線：その昔某大学の学生が，そこの校歌の節で，

　ビブンセキブン　ヤナキブン

　イデアルナンテ　イヤデアル

と歌っていたのを耳にした某老教授が，烈火のごとく憤ったという逸話を紹介しておきます．□

もとに戻って，イデアル A の中には正の整数（例えば m, n 自体）が含まれ，その中に正の最小の数 d がある．このとき A は「d の整数倍の数全体」と一致する．もしもそうでない A の要素 a があったら，a を d で割った余り r は，商を q とすると $a = dq + r$ すなわち $r = a - qd$ となる．イデアルの性質から r は A に含まれるが，$0 < r < d$ なので，d を正の最小数とした仮定に反する．

これは A の要素 m, n が d の倍数，すなわち d は m, n の公約数であることを意味する．そして $d = um + vn$ と表されるので，m, n の公約数 d' は d を整除し d は m と n の最大公約数である．結局最大公約数 d 自身が $um + vn$ の形に表される．□

構成的な証明: $n_0 = m$, $n_1 = n$ とおき,互除法の計算を

$$n_{j-1} \div n_j = q_j \quad 余り \quad n_{j+1};$$
$$0 \leq n_{j+1} < n_j, \; j = 1, 2, \cdots$$

の形で実行する.別に $u_0 = 1$, $v_0 = 0$, $u_1 = 0$, $v_1 = 1$ を用意し,

$$u_{j+1} = u_{j-1} - u_j q_j, \; v_{j+1} = v_{j-1} - v_j q_j, \; j = 1, 2, \cdots$$

を平行して計算する.ここで各 j について

$$u_j m + v_j n = n_j$$

が成立することを j に関する数学的帰納法で証明する.

$j = 0$ のときは $1 \cdot m + 0 \cdot n = m = n_0$, $j = 1$ のときは $0 \cdot m + 1 \cdot n = n = n_1$ で確かに成立する.次に $j \geq 2$ として $j-1$ と j のときに正しいと仮定すると,上記の構成から

$$n_{j-1} = n_j \cdot q_j + n_{j+1}, \; u_{j-1} = u_j \cdot q_j + u_{j+1},$$
$$v_{j-1} = v_j \cdot q_j + v_{j+1}$$

が成立する.この第2式に m,第3式に n を掛けて第1式から引けば,帰納法の仮定により左辺と右辺の第1項はともに0になり,

$$n_{j+1} - m u_{j+1} - n v_{j+1} = 0$$

を得る.これは所要の式の $j+1$ の場合である(この証明完).

そこで互除法を続けて最後に $n_{l+1} = 0$ となり,$n_l = d$ が最大公約数だとすれば,$j = l$ の場合の式 $u_l m + v_l n = d$ から,所要の u, v が $u = u_l$, $v = v_l$ と具体的に計算できた.□

> 具体的に u, v の値を求めるには，互除法を活用した後者の証明手順に従うのが効率的です．しかし考え方としては前者の証明も興味があると思います．

時計代数

ある定まった自然数 p を定め，p を法として，すなわち p で割った剰余 $\{0, 1, 2, \cdots, (p-1)\} = \mathbf{Z}_p$ だけの体系（剰余系）を考えることがあります．一時期時計が12時になると0時に戻るのに合わせて「時計代数」という名で教えられたこともありました．もっとも合成数12を法とすると不都合が生じるので，数学で扱うのは主として p が素数のときです．「法」に相当するヨーロッパの言葉はラテン語からきた modulus（モジュラス）で，「p を法とする」というのを modulo p （略して mod p）の世界といいます．この体系で a, b が等しいことを

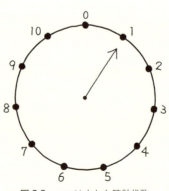

図2.3　$p = 11$ とした時計代数

$$a \equiv b \pmod{p}$$

と表します．

$\bmod p$ の世界では順序は局所的にしか意味がありません．1, 2, 3, … と1ずつ大きくなっても $p-1$ の次は0です．しかし加法・減法・乗法は普通にできて，諸公式もそのまま成立します．少し前に述べたとおり，「積 ab が0ならば a か b かが0（実質は p で割り切れる）」という性質も，p が素数なら成立します（前出定理2.2）．

さらにこの体系の中で0でない数 b による「除法」もできます．$a \div b \pmod{p}$ とは $c \times b \equiv a \pmod{p}$ である数 c です．前出の表現定理から $b \not\equiv 0 \pmod{p}$ ならば b と p とは互いに素であり，

$$ub + vp = 1 \Rightarrow ub - 1 \text{が} p \text{の倍数}$$

である整数 u, v があります．この u を p で割った剰余 c が $a \div b$ の商 c に相当します．

また前出の定理2.2から $1 \times b, 2 \times b, \dots, (p-1) \times b$ がすべて相異なるので，その中にただ一つ1に等しいものがあるはず，と結論してもよいでしょう（他にも証明があります）．

現代の数学において（0で割ることを除いて）加減乗除の四則演算ができ，普通の演算規則が成立するような体系を**体**(ドイツ語のKörperの直訳）といいます．第3章で述べるように分数（有理数）の全体は体の典型例ですが，素数 p に対する $\mathbf{Z}_p$ も体です．$\mathbf{Z}_p$ は有限個の要素からなるので**有限体**とよばれます．現在では有限体は符号理論や組合せ論の重要な基礎になっていますし，コンピュータでの精密計算にも

活用されています.

この方面にも色々と興味深い話題が豊富ですが,普通の数とは異質なので,そういう体系もあるという紹介に留めます.1, 2, 3,…と進んでうんと大きくなると,最初の 0 に戻ってしまう世界というのも案外面白い対象でしょう.

第 3 節　図形的数

図形的数という語は特に厳密に定義された数学の概念ではなく,綺麗な図形に並べることのできる個数を総称した語です.

古代ギリシャに「プセーボイ(小石)代数」とよばれる理論がありました.石を並べて公式を証明する技法です.厳密でないという批判もありますが,特に教育上では有用な手法の一つで,もっと積極的に活用してもよいと思います.ここではその入口を案内するだけですが,数列の和に関する諸公式の証明などに,もっと多くの工夫をして活用してほしいと思う題材です.

三角数

最も簡単なのは正三角形状に並べた石の個数(図 2.4)

$$T_n = 1 + 2 + \cdots + n \tag{1}$$

で,これを**三角数**とよびます.その値が $\dfrac{n(n+1)}{2}$ と表されることは,正三角形を逆向きに合わせればわかります.しかし次のように考えると有用です.図 2.4 から

$$T_n + T_{n-1} = n^2 \tag{2}$$

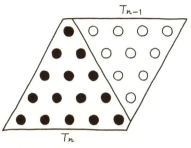

図2.4 三角数と和

がわかります．他方 T_n の定義から

$$T_n - T_{n-1} = n \tag{3}$$

です．式 (2) と (3) から直ちに次の式が出ます．

$$T_n = \frac{1}{2}n(n+1), \quad T_{n-1} = \frac{1}{2}n(n-1) \tag{4}$$

さらに式(2)と(3)の積をとると

$$(T_n + T_{n-1})(T_n - T_{n-1}) = T_n^2 - T_{n-1}^2 = n^2 \times n = n^3$$

です．$T_0 = 0$ に注意すれば

$$\begin{aligned}
1^3 + 2^3 + \cdots + n^3 &= T_1^2 + (T_2^2 - T_1^2) + \cdots + (T_n^2 - T_{n-1}^2) \\
&= T_n^2 = \frac{1}{4}n^2(n+1)^2
\end{aligned} \tag{5}$$

となります．この3乗の和公式(5)は，もちろんいろいろな方法で証明できますが，恐らく上記が最も簡単な（そして教科書にあまり載っていない）方法だと確信します．

公式(2)自体も有用な等式で，後に活用します．

平面上の配列では他にも四角数（平方数），五角数，六角数など興味深い配置の数列がありますが，以下では立体的な例を考えることにします．

四面体数

今度は三角数の列の和

$$R_n = T_1 + T_2 + \cdots + T_n \tag{6}$$

を考えます（記号はここだけの仮りのもの）．あわせて

$$S_n = 1^2 + 2^2 + \cdots + n^2 \tag{7}$$

をも考察します．R_n は等大の球を正四面体状に積んだ数ですから，**四面体数**とよんでよいでしょう（図 2.5）．

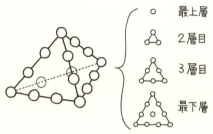

図 2.5　四面体数

ずっと以前当時の住居の近くのスーパーで，あめ玉を正四面体のケースに入れて売っていたのを見たことがありました．たしか $R_4 = 1 + 3 + 6 + 10 = 20$ 個入りでした．

2乗数の和 S_n は底面が正方形の四角錐に球を積んだ個数ですから**四角錐数**（ピラミッド数）とよんでもよいでしょう．月見だんごは $S_3 = 1 + 4 + 9 = 14$ 個を積むようです．

R_n や S_n を平面上の石の並べ換えで証明する方法も多数知られていますが，ここでは立体を活用した導出をします．少々技巧的なので，この部分は飛ばしても構いません．

まず前述の公式(2)から

$$S_n = 1^2 + 2^2 + \cdots + n^2$$

$$= T_1 + (T_1 + T_2) + (T_2 + T_3) + \cdots + (T_{n-1} + T_n)$$
$$= 2(T_1 + T_2 + \cdots + T_{n-1}) + T_n = R_{n-1} + R_n$$

すなわち

$$S_n + T_n = 2(T_1 + T_2 + \cdots + T_n) = 2R_n \tag{8}$$

です.他方図 2.6 のように,一辺に n 個の球を配置した正四面体を寝かせて,一対の対辺を水平の位置に置きます.これを上から一層ずつはがすと,最上には $1 \times n$ 個,次は $2 \times (n-1)$ 個,その次は $3 \times (n-2)$ 個並び,上から k 層目は $k \times (n+1-k)$ 個です.これが最下層 $k=n$ すなわち $n \times 1$ 個まで続きます.全部を加えると

$$R_n = 1 \times n + 2 \times (n-1) + \cdots + k \times (n+1-k) + \cdots + n \times 1$$
$$= (1 + 2 + \cdots + n)(n+1) - 1^2 - 2^2 - \cdots - n^2$$
$$= (n+1)T_n - S_n$$

です.T_n に既知の値(4)を代入し,式(8)と(9)とを R_n と S_n に関する連立一次方程式と思って解けば

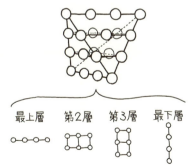

図 2.6 四面体の横倒し.右側は各層の断面

$$S_n + \frac{1}{2}n(n+1) = 2(n+1)\frac{1}{2}n(n+1) - 2S_n,$$
すなわち

$$6S_n = n(n+1)(2n+1) \tag{10}$$
$$6R_n = n(n+1)(n+2) \tag{11}$$

を同時に得ることができます．R_n の式(11)を先に直接求めることができれば（例えば数学的帰納法で証明），$S_n = R_n + R_{n-1}$ として，それから公式(10)を導くことも可能です．

2乗の和公式の直接導出

S_n の公式を平面上の石の並べ換えで示す方法は多数知られています．以下のは石の並べ換えでは少し大変ですが，式の変形に沿って説明します．

次のような関係式を見た方があるかもしれません．

$$1 + 2 = 3 \qquad (= 3)$$
$$4 + 5 + 6 = 7 + 8 \qquad (= 15)$$
$$9 + 10 + 11 + 12 = 13 + 14 + 15 \qquad (= 42)$$

....

自然数の列 $1, 2, 3, 4, \cdots$ を最初から2個，1個；3個，2個と区切って順次 $A_1, B_1, A_2, B_2, \cdots$ グループとします．A_k, B_k のグループには合計 $(2k+1)$ 個の数が入るので B_{k-1} までの個数は

$$3 + 5 + \cdots + (2k-1) = k^2 - 1$$

です．これは $3 = 1+2, 5 = 2+3, \cdots$ と変形して，前出の公式(2)からもわかります．したがって A_k の最初の数は k^2 であり，A_k は k^2 から $k^2 + k$ まで，B_k は $k^2 + k + 1$ から $k^2 + 2k = (k+1)^2 - 1$ までの整数の集合です．

ここで次の性質を示すことができます:

1° A_k の数の和は B_k の数の和に等しい.

2° A_k の数の和は A_{k-1} の数の和より $3k^2$ だけ大きい.

3° 1° の和は $\frac{1}{2}k(k+1)(2k+1)$ に等しい.

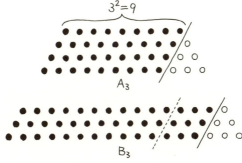

図 2.7　台形数. $n=3$ のとき.

まず 1° は図 2.7 に $n=3$ の場合を例示したとおりです. A_k の最初の数 k^2 を棚上げして残りの k 個を B_k と比べると, ちょうど順次対応する数が B_k のほうが k ずつ大きいので, 和は k^2 だけ B_k が大きくなります. ここで棚上げした k^2 を補えば, 両者は等しくなります.

2° は A_{k-1} と B_k とを比較すると, ともに k 個の数からなり, 順次対応する数が $3k$ ずつ大きいので差は $3k^2$ になります.

3° は B_k の数から順次 $1, 2, \cdots, k$ (合計は三角数 T_k) を除けば, 残りは $(k^2 + k)$ が k 段並ぶので合計 $k^2(k+1)$ となり, 全体は

$$k^2(k+1) + \frac{1}{2}k(k+1) = \frac{1}{2}k(k+1)(2k+1)$$

第 2 章　整数の世界

となります．以上から S_n の公式(10)は容易に導かれます．

八面体数

少し変わった図形的数として，正八面体状に球を積んだときの個数を**八面体数** O_n として計算してみましょう．正八面体は2個の正四角錐を合わせた図形ですから，一辺の長さが n の八面体数は次のようになります．

$$O_n = [1^2 + 2^2 + \cdots + n^2] + [1^2 + 2^2 + \cdots + (n-1)^2]$$

$$= S_n - S_{n-1} = \frac{n}{6}[(n+1)(2n+1) + (n-1)(2n-1)]$$

$$= \frac{1}{3}n(2n^2 + 1); \qquad 1, 6, 19, 44, 85, \cdots.$$

これで正しいのですが，別の考え方をしてみます．正四面体の6本の辺の中点を結んで頂点の側を切り落とすと，中央に一辺の長さがもとの半分の正八面体が残ります（図2.8）．実際一辺の長さ $(2n-1)$ の正四面体数から，4頂点に対応する一辺の長さ $(n-1)$ の四面体数の4倍を引くと

$$D_{2n-1} - 4D_{n-1} = \frac{1}{6}[(2n-1)2n(2n+1)$$
$$- 4(n-1)n(n+1)]$$
$$= \frac{2}{6}[4n^2 - 1 - 2(n^2 - 1)] = \frac{1}{3}n(2n^2 + 1)$$

となって，前述の O_n と一致します．

八面体数の計算方法は他にもあります．結果は同一ですが，いろいろな考え方ができる点が大切と思います．

以上はほんの一例にすぎません．さらに3次元空間の正多

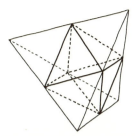

図 2.8 正四面体の中心にある正八面体

面体状に球を積んだ十二面体数，二十面体数など興味ある図形的数が多数あります．ここではこれ以上論じませんが，正十二面体数や正二十面体数に対応する数を考える場合には，正八面体の場合のいろいろな考え方が活用できます．

詳しくは巻末の文献を参照下さい．

　付記　図形的に扱うかはともかく本節で論じた数列の和の公式は，現在では高校 2 年段階の選択科目「数学 B」での題材です．しかし以前の旧制中学の課程には含まれていたし，欧米諸国の教科書でも多くはもっと早い段階で取り上げられています．これを強調したのは，図形的数としてもっと早い段階から親しんで欲しいという気持ちからでした．

第3章

分数の世界

第1節　整数の除法と比

整数の除法

　前章で整数どうしの余りを出す割り算を扱いましたが，以下では必ずしも割り切れない場合も込めた**除法（割り算）**を考えます．そのためには分数の導入が必要になります．

　初期の和算書の一つである毛利重能の『割算書』（1622年）に，「割り算の始まりは人類の祖の夫婦が木の実を割って食べたことから」という妙な記述があります．旧約聖書，創世記のエデンの園の物語りがまぎれこんだ印象です．

　そういう言葉遊びなら，私が子供の頃に聞いた「冬の火事と掛けて四則演算と解く」という謎々があります．加法，減法，乗法，除法を総称して**四則演算**といいます．その心にいわく：

水を掛けろ；水不足で池の水を足す；池が凍っているので氷を割る；そしたら風邪を引いた！

冗談はそのくらいにして**除法**は乗法の逆演算です．$a \times b = c$ となるとき，$c \div a = b$ です．つまり a に何を掛けたら c になるかという問いの答えが**商** b です．

ここで具体例に関して教育上の重要な課題があります．数学の理論として抽象化してしまえば意味は薄いのかもしれませんが，実用に適用する除法には**等分除**と**包含除**の二種類があります（図3.1）．割り切れる場合で説明しましょう．

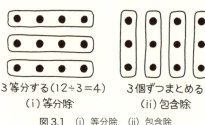

図 3.1 (i) 等分除，(ii) 包含除

$12 \div 3 = 4$ という除法において，12個の対象を3等分したらおのおのが4個ずつ，というのが**等分除**です．これに対して12個の対象を3個ずつの組に分けたら全体で4組できるというのが**包含除**です．前者では被除数（実；割られる数）と商が同じ単位の量であり，後者では被除数と除数（法；割る数）とが同じ単位の量になります．

教育上どちらを先に扱うとよいかには昔から多くの議論があります．伝統的には等分除が本来で先だとされているようですが，包含除から説明したほうが理解しやすいという研究もあります．なおこの本では除算の実際の計算方法，特に珠

算で使われた「除法九九」などについては一切触れないで進みます．

また負の数についてはすでに前章で導入しましたが，以下では便宜上正の数を念頭に置いて記述するのが大半です．負の数をも対象とするときには，乗算の逆として次の規則を使ってよいでしょう：$a \div b$ で負数を含む（$b \neq 0$）ときには，絶対値の商 $|a| \div |b|$ に，a, b の両方が同符号なら $+$，異符号なら $-$ の符号をつける．

この章の大半で特に断らない限り，原則として文字は正の数を表すと了解して読んでください．

整数の比

$3 : 2$ といった整数の**比**は，元来は 2 数の間の「関係」です．しかし a が b で割り切れるときにはその商 $a \div b$ を $a : b$ の**比の値**として，比そのものと同様に使用するのは，ある意味では自然な発想と思います．日本で慣用の除算の記号 $\div$ は比の記号 $:$ の変形ですが，国によっては比の記号 $a : b$ そのものを除法の記号にも使用している場合があります．

a が b で割り切れない場合にも比の値を数とするためには，新しい型の数を導入する必要があります．それが分数 $\dfrac{a}{b}$ ですが，次節で詳しく解説します．しかし $3 : 2$ のように割り切れない場合でも，両方に同じ数を掛けた $6 : 4$，$15 : 10$ も $3 : 2$ と同じ比と考えることができます．これは $ad = bc$ のとき $a : b = c : d$ として**比が等しい**としたことで自然な考え方です．さらに進んで 4 個の正の整数 a, b, c, d について $ad > bc$ のとき，比 $a : b$ は比 $c : d$ よりも**大きい**としてよい

第 3 章　分数の世界

と考えられます．例えば $5:2>7:3$ です．それでよいことは
順序の推移法則：

　　$a:b>c:d,\ c:d>e:f$　ならば　$a:b>e:f$

が次のように証明できるからです．

　仮定から

　　$ad>bc,\ cf>de$　$\Rightarrow$　$acf>ade>bce$

これを $c>0$ で割って $af>be$ すなわち $a:b>e:f$ □

　こうなると自然に $a:b$ について，a が b で割り切れなくても a を b で割った**比の値**を導入し，それを一つの数とみなそうという考えが生じました．

　比例の計算自体は昔から普遍的に使われ，**比の応用規則**とよばれました．それは等式 $ad=bc$ においてどの量に着目するかという観点から手法を標準化した算法としてまとめられます．

　なお整数どうしの比でなく，連続量の比の相等・大小は別個の課題ですが，それについては次章で考えます．

　整数の比 $a:b$ の値を $\frac{a}{b}$ と記したのが（形式的な）**分数**です．比の前項（割られる数）a を**分子**，後項（割る数）b を**分母**といいます．ただこの漢語は，$\frac{1}{b}$ を単位としてそれを a 個集めたものが $\frac{a}{b}$ というニュアンスを含みます．そのほうが分数のある面を特徴づけています．しかし西洋ではむしろ a を b 等分したものという考え方が主流です．どちらが優れているかというよりも，分数にはそういった二面性があると考えるべきでしょう．

　分数の導入の本論は次節に譲り，その前に連比すなわち 3 個以上の数の比について一言します．

連 比

連比は複数の比の略記号です．$a:b=1:2$, $b:c=2:3$ ならばまとめて $a:b:c=1:2:3$ と略記して構いません．ただ対応に注意しないと誤りやすい点があります．

前出の古代中国の『算数書』に，$1:\frac{1}{2}=2:1$, $\frac{1}{2}:\frac{1}{3}=3:2$ としたのをまとめて

$$1:\frac{1}{2}:\frac{1}{3}=3:2:1$$

とした記述がありました．これは早合点です．整数比で表すなら，b に相当する位置の数を揃え，$2:1=6:3$ として，右辺を $6:3:2$ としなければいけません．このような誤りが現在の小学校で実際にあるのかどうかは，よくわかりません．ただ中学校で相似三角形の3辺の長さの比を連比で表したとき，たまに同種の誤りが生じているとういう報告を聞いたことがあります．

余談ながら『算数書』は当初は誤りが多く，いい加減な本とみなされていました．しかし精密な検証の結果，誤りとされた大部分は文字の誤読や解釈の誤解であり，今日ではわずかな計算誤り以外の本質的な誤りは，上記の連比の早合点だけとされています．

連比は便利で比例配分の計算などには欠かせませんが，このように誤りやすいので，必要な場合以外は略記せずに本来の比の形で使用するほうが安全と思います．この本では以後扱いません．

第2節　分数の導入

量の扱い

　ここでいう**量**とは長さ，重さなどの連続量の意味で，個数を表す整数とは本来別の概念です．そのためには相互に比較し得ることが本質的であり，それを数値化するためには何らかの単位を必要とします．

　実をいうと長さや重さは直観的にも比較可能と考えられますが，図形の面積となると多少問題です．さらに温度などの物理量になると，比較可能性そのものが観測や実験に裏づけられた基本的仮説と考えられます．

　実は長さでさえもかつては対象に応じて多数の単位が使われていました．物理学者の平田森三が平頭銛の研究のために捕鯨船に乗った折に，海の深さ，鯨の体長，大砲の口径，綱の長さ，など十数種類の物理的には単一の「長さ」と考えられる量がそれぞれ別々の単位で測られていたのに驚いたという逸話が伝えられています．それぞれの量は伝統的に各単位が便利なのでしょう．そしてそれらが全部「長さ」という同じ物理量であり，例えばメートルといったただ一つの単位ですべてが同じく数値化できるという事実を理解するには，かなり高度の抽象的思考が不可欠だったのかもしれません．

　秦の始皇帝による度量衡の統一や，フランス革命の折のメートル法制定など，当時はいろいろの抵抗・反対があったようですが，後世の我々から見たマクロの歴史上ではそれが国の統一に不可欠ということだけでなく，世界的な大偉業だったと感じます．

しかし当面の主題はその種の単位やその間の換算ではありません．与えられた量と単位と比較して，量が単位のちょうど整数倍でなく端下（はした）が出たとき（たいていはそうなる），その**端下の処理法**です．以下長さを念頭に置いて解説します．

大別して2種類の考え方がありました．一つは単位そのものを小さくして測り直す方法です（図3.2）．十進法により単位を十分の一（10：1の比）にして順次進めます．昔の語で分厘毛絲忽微繊沙塵埃（しこつびせんしやじんあい）…といった単位で3分1厘4毛などと表現します．国際単位系のデシ（10^{-1}），センチ（10^{-2}），ミリ（10^{-3}），マイクロ（10^{-6}），ナノ（10^{-9}），ピコ（10^{-12}），フェムト（10^{-15}），アト（10^{-18}）もその類です．ここでかっこ内に示した負の指数は，正の指数の逆数を表します．

ここで一つひとつの単位を略し，十分の一単位ごとの各数字を並べて.314と表したのが**小数表現**です．

中国やインドでこのような**小数**の体系が早くから普及したのは，数詞が純十進的であったため，小さい量の方へ十分の一，百分の一と単位を小さくして測るという考え方が自然だったためと思われます．なお現在では十分の一の単位に「割」が入り込んできた形で，打率2割6分などといいます．しかし五分五分といった言葉もあるとおり，古くは「分」が

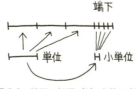

図3.2 端下の処理（1）小数の考え

十分の一を意味しました．

他方ヨーロッパでは小数の普及が遅れました．ようやく普及し始めたのは16～17世紀の頃です．十進法の他に十二進法なども混用されていて，位取り記数法自体の導入が遅れた（ローマ数字に見られるように各位ごとに別の記号を使っていた）影響が大きいのでしょう．

小数の方式に対して，古代オリエントの伝統を受け継いだ西洋ではもう一つの考え方が使われました．それは量の端下の単位を交換し，逆に端下を単位として元の単位を測り直すという考え方です（図3.3）．もしも元の単位が端下のちょうど3倍だったら，端下は元の単位の $\frac{1}{3}$（三分の一）となります．そこでまた端下が出たら同じ操作を繰り返します．もしも第2の端下の2倍がちょうど第1の端下になったら，最初の端下は（今日の分数の記法で）

$$\frac{1}{3+\frac{1}{2}}=\frac{2}{7}$$

となります．これは互除法の考え方で実質「連分数」ですが，整理して普通の分数の形にできます．

実用上では測定誤差も入るし，どちらの操作も有限回で止

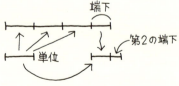

図3.3 端下の処理（2） 連分数の考え

まらざるを得ません．しかし理論上では無限小数，無限連分数も考えられます．それらは次章の実数の世界の対象で，今しばらくは伏せて進みます．

連分数自体も特に整数論などで重要な対象ですが，専門的な話になるのでこれ以上触れません．個々の量を表すには連分数は便利ですが，そのままでは相互の演算が困難であり，演算を実行するためにはそれを整理して普通の分数 $\frac{a}{b}$ の形にまとめざるを得ません．

連分数のような分母・分子自体が小数や分数のいわゆる「繁分数」も計算の途中で現れることがありますが，最終的には整理して分母分子をともに整数にできますので，以後専ら普通の分数を扱います．

分数の種類と性格

前にも述べたとおり a, b を正の整数としたとき，分数 $\frac{a}{b}$ は a を b 等分した値，あるいは b 倍（b 個足し合わせ）すると a になる数です．その限りでは a と b の大小をあまり気にかけなくてよいのかもしれません．しかし $\frac{1}{b}$（1 を b で割った数；単位分数とよぶ）を新しい単位とみてその a 倍と考えると，$a < b$ と限定したくなります．$\frac{b}{b}$ は 1 に等しく，それ以上分子の a が大きければ，整数になる部分を別に記したほうが自然です．$0 < a < b$ である（1 より小さい）分数 $\frac{a}{b}$ を**真分数**，$b < a$ である分数を**仮分数**（原語を直訳すれば非固有分数）という区別は後者の立場では有意義です．さらに $a \div b = q$ 余り r のとき，$\frac{a}{b} = q + \frac{r}{b}$ となりますが，これを $q\frac{r}{b}$ の形（例えば $1\frac{2}{3}$ など）に書いて**帯分数**といいま

第 3 章　分数の世界

す．帯分数 $q\dfrac{r}{b}$ を q と $\dfrac{r}{b}$ との積と混同しないでください．これは $\dfrac{bq+r}{b}$ という仮分数に等しくなります．このような換算は容易です．

小学校では計算の途中では仮分数を使っても，最後の答えが仮分数の形になったら，帯分数に直すように指導されています．しかし専門の数学では積と混同される危険性があることや，さらなる計算のため，仮分数の形のままで標記するのが普通です．

なお $1\dfrac{2}{3}$ を昔は「イッカ 3 分の 2」と読んでいました．現在では「イチト 3 分の 2」と教えられています．

ところで何気なしに 3 分の 2 と書いてしまいましたが，このように分母から先に読むのは東洋の習慣です．英語では $\dfrac{1}{3}$ を順序数詞 third（第 3 の）でよび，two third（2 個の $\dfrac{1}{3}$）というように分子から読みます．あるいは two over three（2 が 3 の上）というよび方をします．

これは一見たわいのない違いのようですが，分数を分母から読むか分子から読むかは，東西の大文化ギャップの一例なのです．これまで一般的な分数を $\dfrac{a}{b}$ と書いてきました．それは比 $a:b$ に合わせた次第です．しかし日本の先生方は，a 分の b に合わせて $\dfrac{b}{a}$ と記す方が多いようです．分数計算のできる電卓での分数入力が分母から先か分子から先かは，各国の慣用があってどちらとも定めにくいのが現状です．妥協案として，分母と分子を交換する（数学的には逆数をとる）演算キーのついた親切な電卓もありました．無理に統一しようとして文化摩擦を起こすより，こうした妥協案を探るのが賢明でしょう．

センター試験のマークシートでも，分数は $\dfrac{\boxed{ア}}{\boxed{イ}\boxed{ウ}}$ と分子を先に答える形式になっているので，一層混乱が生じているようです．私自身が関与した数学検定では一時期，分子と分母をとり違えて

$$\frac{1}{3}+\frac{1}{4}=\frac{1}{7}, \qquad \frac{1}{a_1}+\frac{1}{a_2}+\cdots+\frac{1}{a_n}=\frac{1}{a_1+a_2+\cdots+a_n}$$

といった誤答（むしろ珍答）が多発して首をひねったことがありました（現在ではほとんど見かけなくなりました）．確率 $\dfrac{2}{3}$ を $\dfrac{3}{2}$ と答える誤りも多発しました．これを防ぐには妥協案ですが，$\dfrac{2}{3}$ を「3分の2」と読まずに，「2割る3」と分子から先に読むくせをつけるとよいと思います（私自身も個人的にはそうしています）．

印刷の都合で $\dfrac{a}{b}$ を a/b としたり，コンピュータの入力で普通には $\boxed{a}\boxed{/}\boxed{b}$ の順に入力したりしますので，現在では一層の注意が必要です．

英語でも分母を denominator（単位を変えるもの），分子を numerator（数えるもの）とよぶのは，$\dfrac{a}{b}$ を $\dfrac{1}{b}$ 単位の a 倍と考えている形です．このように見ると分数には明白に，除法と単位分数の整数倍との二重性格があります．

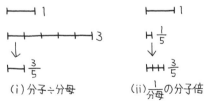

図 3.4 分数の二重性格

第 3 章 分数の世界

同値な分数

 分数で少し厄介なのは，見かけは違うが値の同じ分数，例えば $\frac{3}{6}=\frac{2}{4}=\frac{1}{2}$ といった組が無限にあることです．

 比 $a:b$ について 0 でない同一の数 c を両項に乗じても $ac:bc$ の比は同じです．したがって比の値を表す分数も $\frac{ac}{bc}=\frac{a}{b}$ のように両者を同じ分数とみなす必要があります．数学の専門用語では同じ値の分数を**同値な分数**（表現）とよびます．

 分数の分子と分母に公約数があれば，両方をそれで割って簡約する（同値な簡単な分数に直す）ことを**約分**するといいます．約分できる分数を**可約分数**，分母と分子が互いに素でそれ以上簡約できない分数を**既約分数**といいます．それぞれ「約分ができる分数」「すでに約分された分数」の意味です．分数の答えは，約分できるときにはその操作をして既約分数にするのが標準です．ただしこれを強制するのは行きすぎと思います．例えば一連の数列を分母を揃えて示すためには，わざと可約分数のまま表示しておく行為も状況によっては許容したほうが便利と考えられます．

 分数の分母分子に 0 でない共通の数を掛ける（約分の反対の）操作を**倍分**ということがあります．あまり使われない用語ですが，あると便利なので以下でもたまに使います．

 前出の『九章算術』では，互除法に似た操作で 2 個の整数の最大公約数を計算し，分数の答えは必ず既約分数に直しています．それ以前の『算数書』でも，かなり大きな数の分数を約分した例もありますが，計算の都合から可約分数のまま，例えば $\frac{38}{62}\left(=\frac{19}{31}\right)$ といった答えを記した例があります．

約分ができなかったというより，その必要性を感じなかったようです．

理論的な分数の導入

　少し先走りますが，今日の数学で自然数あるいは整数の体系を構築した後にそれから分数を導入するには以下のように進みます．以下基本の体系を整数全体 Z と記して進みますが，正の数だけに限定してこれを自然数全体（N）と思って読んでも差し支えありません．

　Z の要素の対 (a, b)（ただし $b \neq 0$）に対して，**同値性**を
　　$(a, b) \sim (c, d)$　とは　$ad = bc$ が成り立つこと
として定義します．比の相等を思い出してください．「同値性」とは別掲コラム 4 に解説したような性質をもつ関係です．上記の定義について，同一性と対称性は自明ですが，推移性は次のようにして示されます．

　$(a, b) \sim (c, d)$, $(c, d) \sim (e, f)$ とは $ad = bc, cf = de$ が成立することである．これから $adf = bcf = bde$ であり，交換法則などで $afd = bed$ となる．$d \neq 0$ と仮定したので，これから $af = be$ すなわち $(a, b) \sim (e, f)$ が示された．□

　$(a, b) \sim (-a, -b)$ となるので，後項（分母に相当する）b を正の数と限定しても差し支えありません．(a, b) を分数 $\dfrac{a}{b}$ の表現と思って約分もできるし，次節で述べる四則演算もできます．理論上は天下り的に演算を
　　$(a, b) \times (c, d) = (ac, bd)$,　$(a, b) + (c, d) = (ad + bc, bd)$
と定義して，これらが整数の場合の諸法則（交換法則，結合法則，分配法則など）を満足することを確かめれば十分で

す．

　しかしこれは最終段階です．当面は普通に分数を導入して，それらの間の演算が上述のような規則になることを説明する必要があります．それを次節で行います．

コラム4　同値関係について

　現代の数学では同値関係およびそれによってまとめた**同値類**の概念をよく使います．同値関係とはある集合の要素の対の関係で，それを $a \sim b$（a と b は同値）で表すとき，次の性質が成立するものです．

　$1°$ 同一性：$a \sim a$
　$2°$ 対称性：もしも $a \sim b$ ならば $b \sim a$ が成立する．
　$3°$ 推移性：もしも $a \sim b$ かつ $b \sim c$ ならば $a \sim c$ が成立する．

「等しい」という関係がその典型例です．

　ところでよくある質問に答えておきましょう．なぜ同一性がいるのか？　対称性と推移性から，c を a と置いて証明できるのではないか？　という疑問です．

　一見もっともですが，やはり $1°$ の同一性が必要です．それは a が孤立しておらず，a と同値な対象が少なくとも一つ存在する（a 自身がそれに該当する）という意味を含みます．$2°$，$3°$ でわざと「もしも」と書き記したのは第1章の数学的帰納法のところでも述べたとおり「もしも a と同値関係にある b があったら」という意味です．そのような b がまったく存在しなければ，上記の

「証明もどき」は成り立ちません．もちろん a に対して $a \sim b$ であるような b が存在するならば，上述の証明は正しく，2°と 3°から $a \sim a$ が導かれます．

　こういう説明をすると，ひねくれているとか揚げ足とりだという文句がつきものです，これはもしかすると日本人が案外現実的で，あるかないかはっきりしない仮定のことは考えにくい性格をもっているせいなのかもしれません．数学の文章を読む場合にはこうした配慮（正しい意図をつかむとともに，言外の余分な話をむやみと持ち込まない）が必要であり，またそういう注意が積極的に教えられていないせいかと思います．わかってしまえばしごく当たり前のことを理解するまでに思わぬ苦労をする一例かもしれません．

　ひとたび同値関係が定まれば，それによって同値な対象を一つの**同値類**とし，それ自体を新しい一つの対象として扱うのが現代数学の普遍的な考え方です．ただ同値類は意外と厄介な概念です．それに何かの操作を施すには，一つの代表要素をとってそれに施した上で，その結果が代表の選び方によらない（どれをとっても結果が互いに同値である）ことを毎回証明しなければいけません．そのこと自体は難しくなくても，そういう処置を毎回しなければならないのは意外と大変です．次章で実数の構成を論ずる折に，同値類によって定義する方法を採りましたが，これが嫌われる理由の一つはこの点でしょう．

　前章で自然数を整数に拡張する場合でも，自然数の対

(a, b) に対し，同値性 $(a, b) \sim (c, d)$ を $a+d = b+c$ として定義し（同値性の条件を満足することは要証明），それによる「同値類」を $a - b$ に相当する整数だと定義する方法があります．そのほうが理論的には整合します．この本でそうしなかったのは，この場合には絶対値（正の整数）a に負号をつけて $-a$ を表すという方法で済むので，わざわざ同値類を持ち出すのを控えたためです．

第3節　分数の演算

分数の乗法

教育上では加減算を先に教えていますが，分数の演算は乗除算のほうが自然と感じるので先に述べます．

分数の乗法は分母どうし，分子どうしを掛けて，必要ならば約分すればできます：

$$\frac{a}{b} \times \frac{c}{d} = \frac{a \times c}{b \times d}$$

しかしこれも「自明の結論」ではなく，一応なぜか？　を反省する必要があります．以下それを考察します．

分数 $u = \dfrac{a}{b}$ とは，b を掛けて a になる数です：$b \times u = a$．同様に $v = \dfrac{c}{d}$ は $d \times v = c$ である数 v です．両者を掛けると，

$a \times c = (b \times d) \times (u \times v)$

　　　　　　　　　　（結合法則や交換法則による変形）

です．これは $w = u \times v$ が $b \times d$ を掛けると $a \times c$ になる

数,すなわち,

$$u \times v = \frac{a \times c}{b \times d}$$

を意味します.□

特に $\frac{a}{b}$ の分母と分子を入れ換えた $\frac{b}{a}$ は $\frac{a}{b} \times \frac{b}{a} = \frac{a \times b}{b \times a} = 1$ を満足しますから,**逆数**(もとの数と掛けると 1 になる数)を意味します.このような点を押さえておくと,よく問題になる除法の計算の説明が容易になります(後述).

このように分数の乗法を定義したとき,交換法則,結合法則が成立することは,やればできますが,一応確かめておかなければなりません.ただしそれは読者への演習課題とします.

分数の除法

> 分数の除法は除数(割る数)の分母分子を交換して掛ければよい.

これは昔から普遍的に教えられている規則ですが,なぜそれでよいのかはよくある質問の一つです.

小平邦彦の回想録には,「小学校のときこのように押しつけられて,その理由を問うなという態度に不満をもった」という話が載っています.これは明治末期から大正年間に文部省(当時)がそのように指導した影響です.不満を感じた生徒も多かったし,後世いろいろと批判もされています.

しかし小学校が 4 年制から 6 年制に変わり,分数の計算が国民全体に必須の義務教育になった当初(明治末期)は,教

員も不慣れで混乱も生じたため，一時的な応急的方便としてやむを得なかった処置だったのでしょう．問題はむしろそれが定着してしまい，昭和初期に改められるまでに，予想外の年月がかかりすぎた点にあるのかもしれません．

　近年の「分数のできない（分数を忘れた）大学生」では，加法の誤りよりもむしろ逆数や除法にまごつく学生が多いとのことです．小学校で学習した後，中学・高校で使う機会があまりなく永い空白が災いしているようです．前述のように「理屈は抜きにしてこうやれ」と教え込むのも一つの手段ですが，一度根源に戻って理由の考察から始めて深く考え直すほうが，かえって十分に定着するのかもしれません．

　さてその説明です．普通には，除法とは逆数を掛けることである；分数の逆数は分子・分母を交換すればよい（前述）；したがって当然の計算であると説明されています．もう少し丁寧な教科書では，まず除法の定義から一般的に
$$a \div (x \times y) = (a \div x) \div y$$
を確認し，分数 $\frac{c}{d}$ は $c \times \frac{1}{d}$ と考えられるとした上で，2段階に分けて説明しています．c で割るのは分母に c を掛ければよい；$\frac{1}{d}$ で割るのは単位を $\frac{1}{d}$ にして測り直すことだから結果は d 倍になる；全体は $\frac{a}{b} \div \frac{c}{d} = \left(\frac{a}{b} \times \frac{1}{c}\right) \times d = \frac{a}{b} \times \frac{d}{c}$ となるというわけです．□

　もちろんこれらは正しいのですが，思い切って除法の定義に帰って考えると次のようになります．
$\frac{a}{b} \div \frac{c}{d} = u$ とは $\frac{c}{d} \times u = \frac{a}{b}$ である分数である；この式の両辺に $b \times d$ を掛ければ，約分して整理すると
$$(b \times c) \times u = a \times d \quad \text{すなわち} \quad u = \frac{a \times d}{b \times c} = \frac{a}{b} \times \frac{d}{c}$$

となる．これは u が被除数に，除数の分母・分子を交換した分数を掛けて得られることを意味する．□

 他にもまだ多くの巧妙な説明があります．最後の説明が簡潔で本質的と思いますが，かえってはぐらかされたように感じる人もあるかもしれません．

 除法の計算そのものとは別ですが，正の分数の表現で既約分数 $\frac{a}{b}$ とした後，分子の a と分母の b をそれぞれ素因数分解して分母を負の指数で表す方式があります．$\frac{21}{20} = 2^{-2} \times 3^1 \times 5^{-1} \times 7^1$ が一例です．この場合負の指数を含めて分数はただ一通りに「素数の累乗の積」で表されます．次章でこの表現を活用します．

分数の加減法

 分母が共通の分数はその分母分の一を単位とした整数（分子）倍とみなされるので，その加減算は共通分母をそのままにして分子どうしを加減し，必要ならば最後に約分すればできます．したがって分母の違う分数どうしの加減算は，分母が同じになるように各分数を倍分して分母を**通分**（共通になるように適当な整数を掛ける）してから，加減算を実行すればよいことになります．

 教育上では，まず一方の分母が他方の分母の倍数であり，一方だけを倍分すれば済む場合：例えば

$$\frac{1}{5} + \frac{3}{10} = \frac{2}{10} + \frac{3}{10} = \frac{5}{10} = \frac{1}{2} \quad \text{（最後は約分）}$$

を教えています．次に分母が互いに素な場合：例えば

$$\frac{2}{3}+\frac{1}{5}=\frac{10}{15}+\frac{3}{15}=\frac{13}{15}$$

を教えます．これは（前節末で触れた）

$$\frac{a}{b}+\frac{c}{d}=\frac{a\times d+b\times c}{b\times d}, \quad \frac{a}{b}-\frac{c}{d}=\frac{a\times d-b\times c}{b\times d} \quad (1)$$

という計算です．式(1)は一般的な公式であり，コンピュータで分数の加減算を実行するときには原則としてこの形を使っています．私自身も暗算で計算するときには，式(1)の形でしているのが普通です．

しかし普通に教えられているのは，一般の場合は分母のbとdの最小公倍数を求めてそれに通分する方式です：例えば

$$\frac{1}{6}+\frac{3}{10}=\frac{5}{30}+\frac{9}{30}=\frac{14}{30}=\frac{7}{15} \quad (2)$$

という計算です．これに対し式(1)をそのまま使って

$$\frac{1}{6}+\frac{3}{10}=\frac{1\times 10+6\times 3}{6\times 10}=\frac{10+18}{60}=\frac{28}{60}=\frac{7}{15}$$

と計算すると叱られるようです．

実はこの点が私自身が永年懐いている疑問の一つです．最小公倍数を計算する手間を考えたら，公式(1)をそのまま使ったほうが早いのが普通です．公式(1)を使うと最後に約分する手間がかかるという批判もありますが，最小公倍数を使っても式(2)のように約分を要する場合があるので五十歩百歩の印象です．一応伝統的な習慣で大きな数を避けたい，などの理由だと納得している次第ですが，いまだに釈然としないところが残ります．

しかしともかく分数の加法（減法）の定義ができました．そして「正負の分数全体」Q について 0 で割ることを除いて，その 2 数の間に四則演算が可能であることがわかりました．さらにいちいち検す必要がありますが，それらの演算について，加法・乗法それぞれの交換法則，結合法則と，分配法則とが成立することが証明できます．すなわち Q は数学でいう**体**をなし，**有理数体**とよばれます．記号 Q は Quotient（商）の頭字と思います．

自然数全体に普通の加法，乗法を導入した体系 N を拡張したとき，Q は N を含む最小の体です．N（あるいは正負の整数 Z）全体が飛び飛びであったのに対して Q はびっしりつまっていて，「次の数」は存在しません．しかし Q は「隙間だらけ」で「連続」ではありません．そのあたりは次章の実数の世界で考察します．

ところが混乱しそうですが，$\frac{1}{3}$ と $\frac{1}{2}$，$\frac{3}{5}$ と $\frac{2}{3}$ のように $\frac{a}{b}$ と $\frac{c}{d}$ とがともに既約分数で，$ad - bc = \pm 1$ のとき，両者を「隣り合う分数」とよぶことがあります．このとき両者の分母どうし・分子どうしの和（両者から作る**ファレイ数列**）$\frac{a+c}{b+d}$ は $\frac{a}{b}$，$\frac{c}{d}$ の中間にあり，その双方と隣り合います．ただし $\frac{a}{b}$ と $\frac{c}{d}$，$\frac{c}{d}$ と $\frac{e}{f}$ がそれぞれ隣り合っても，$\frac{a}{b}$ と $\frac{e}{f}$ とは隣り合うことも合わないこともあります．後者の一例は $\frac{3}{5}$，$\frac{2}{3}$，$\frac{3}{4}$ です（他にも多数あり）．こういう用語の混同や演算を正規の加法と誤るなどをしないように注意してください．

帯分数どうしの引き算では，両方の数を仮分数に直して計算するのも一つの方法ですが，整数部分と分数部分とに分け

て，あたかも整数の引き算の繰り下がりのように考えるとよいかもしれません．例えば，次のような計算です．

$$3\frac{1}{5} - 1\frac{4}{5} = \left(3 + \frac{1}{5}\right) - \left(1 + \frac{4}{5}\right) = 2 + 1 + \frac{1}{5} - 1 - \frac{4}{5}$$
$$= 2 - 1 + \left(1 + \frac{1}{5} - \frac{4}{5}\right) = 1 + \frac{5 + 1 - 4}{5}$$
$$= 1\frac{2}{5}$$

単位の換算でもそうですが，同じ値を表す数の表現が標準形一つだけでなく，いろいろあり得ることを理解することが大事でしょう．

分数の計算誤り例

計算誤りにはいろいろありますが，分数については単なる途中の細かい計算ミスよりも，もっと本質的な演算そのものの理解不十分に基づく誤りが多いようです．

前に述べた分子と分母をとり違えた計算，例えば

$$\frac{1}{3} + \frac{1}{4} = \frac{1}{7}$$

はこの際論外とします．また分数の除法で，除数でなく被除数の分母・分子を交換して掛けたといった機械的な処理ミスも除外します．電卓のキーの押し誤りも論外ですが，案外気がつきにくい誤りの原因です．

しかし昔からステレオタイプ的に指摘されているのは，分数の加法で乗法と混同したのか，分子どうし分母どうしを加える，例えば

$$\frac{1}{2}+\frac{1}{3}=\frac{2}{5}$$

といった誤りです．近年ではベクトルの加法との混同もあり，またファレイ数列では実際このような演算をするので，一層混同しがちです．

最近次のような質問がありました．野球のある選手が2試合に出場し，第1試合では2打席1安打，打率 $\frac{1}{2}$；第2試合では3打席1安打，打率 $\frac{1}{3}$ でした．この選手の総合打率は5打席2安打，打率 $\frac{2}{5}$ です．まさに上の計算と合うではありませんか？

これに対してはもちろん「打率は外延量ではなく，その加法には意味がない」とか「そういう計算は普通の分数の加法とは違う演算だ」とかいう説明ができます．しかしそれではたぶん納得しない人が多いでしょう．この例題は分数とその加法の意味を真に理解するためのよい例かもしれません．

古代エジプトでは，リンドパピルスに記述があるように，分数を単位分数（自然数の逆数）の和で表現したため，その加法は数表などを使って大変だったと思います．彼らは表を使って正しく計算していますが，なぜこのような表現を使ったかは別として，「不適切」な用法で苦労した一例かもしれません．

次に中学校段階の式の計算で，例えば

$$\frac{a}{2}+\frac{b}{3}=3a+2b \quad (6倍して分母を払う) \tag{3}$$

という誤りが多発しているといいます．分母を通分して加えたので $\frac{3a+2b}{6}$ としなければいけません．6倍したままで

は＝ではなく，式(3)は $1=6$ を主張しているのでもちろん誤りです．この誤りはたぶん方程式の場合に

$$\frac{x}{2}+\frac{1}{3}=0 \text{ は } 3x+2=0 \text{ と同値}$$

（$X=0$ と $6X=0$ は同値）なので，分母の6を忘れても構わないという処理との混同と推察されます．和算では（中国の古典でも）文字式 X と方程式 $X=0$ とを明確に区別せずに使用していた便法が影響しているのかもしれません．定数係数を除いて計算を進めることはよくやる便法ですが，一時棚上げされた定数は「私を忘れちゃいやよ」と主張しています．

最後にこれは「分数の計算誤り」というよりも計算の順序の問題ですが，$a+b\div c$ と書いたら $a+\dfrac{b}{c}$ の意味で，$(a+b)\div c$ ではないはずです．しかし除算を斜線で表して a/bc, $a/b\times c$ と書くと，$(a\div b)\times c$ なのか $a\div(b\times c)$ なのか曖昧です．普通には乗除算の相互には優先順位がないので，前者のように解釈するのが妥当です．しかし中間に×や・を書かずに並べたら一まとめの積だと主張する流儀もあるので，後者の意味のつもりでそう記す人もあります．そういう議論を楽しむのは別として，曖昧な式を書かないように注意したほうがよいでしょう．

小数と分数の換算

小数点以下 n 桁の有限小数は，小数点以下の n 個の並び n 桁の整数としてみなして分子に置き，分母を 10^n とした分数で表されます．必要なら約分します．例えば次のとおりです．

$$0.5 = \frac{5}{10} = \frac{1}{2}, \quad 0.16 = \frac{16}{100} = \frac{4}{25}$$

循環小数は無限等比級数として分数に変換できます．なお小数に対する簡単なよい近似分数を求めるには小数部分と1との互除法を実行して連分数で近似する手法が古くから知られています．一例を挙げると 0.14 はそれで 1 を割ると 7.14 なので $\frac{1}{7}$ と近似できます．ただしこの例はもう一段進むと

$$\frac{1}{7+\frac{1}{7}} = \frac{7}{50} \; (= 0.14)$$

と 0.14 そのものになります．

逆に分数を小数に直すには，分子に小数点以下 00…0 をつけて分母で割ればできます．このとき $\frac{1}{5} = 0.2$, $\frac{3}{8} = 0.375$ などと有限回で割り切れれば有限小数ですが，$\frac{1}{3} = 0.333\cdots$ のようにどこまでも割り切れない場合は，あるところから先が同じ数字列の反復である**循環小数**になります．そうなる理由は簡単です，分母 b で割った余りは（割り切れなければ）$1, 2, \cdots, (b-1)$ の有限個のいずれかであり，b 回以上割れば必ずどこかで同じ余りが生じて（いわゆる抽き出し論法）以後は繰り返しになるからです．なおこの「m 個の箱に m 個より多くのものを入れれば必ず重複が生じる」という法則は，近年**鳩の巣原理**という名で普及しています．これは pigeonholl principle の直訳（ないし意図的な誤訳）のようです．この原語は本来「仕切り巣箱」の意味ですが，普通には「小仕切り棚」の意味に使われます．

そうすると人工的ですが，次々の数字を機械的に並べた
0.1234567891011121314…

のように循環しない無限小数は，分数（有理数）では表わされない数（無理数）ということになります．セーガンの小説『コンタクト』の主人公少女エリーが，円周率について先生から「小数点以下は同じパターンを繰り返さずにどこまでも続く」と教えられ，「どうしてわかるのですか?」との質問に対し，「そういうことになっている」と突き放された話を語っています．たぶんセーガン自身か彼の夫人の実際の体験談でしょう．この先生のいいたい内容は「円周率が無理数」という事実なのですが，この先生はその証明を知っているのかと勘ぐりたくなります．

小数の四則計算は整数に準じますが，特に注意を要するのは余りを出す割り算で，余りの位取りです．例えば，

$5.78 \div 3.3$ を商 1.8，余り 0.2

とする計算は誤りです．正しい答えは商 1.8 はよいとして余り 0.02 です．最終の余りの位取りは，あくまで被除数 5.78 の最初の小数点の位置のままです．計算の途中で仮に動かした小数点の位置ではありません．計算のしかたにもよりますが，勘違いしやすい点の一つです．

なお，ここで小数は普通の十進小数を考えましたが，何進小数でも有理数はつねに有限小数または循環小数で表されます．その理由も上述の「鳩の巣原理」で同じように説明できます．

ただし，数学的な意味づけは別として N 進法で表したときに $0,1,\cdots,N-1$ の数字が全体として同じ割合に現れる「正規小数」という概念があります．十進法で 0.9876543210 といった循環小数がその一例ですが，そうでない正規小数も

あります．そしてこの概念は基底の N によって変わります．例えば $\frac{1}{3}$ は二進法では $0.010101\cdots = 0.\dot{0}\dot{1}$ で正規小数ですが，三進法では $0.1000\cdots$ で，正規ではありません（十進法でも正規でない）．

分数指数の累乗

これは高等数学段階の話題なので飛ばしても構いません．ある数（仮に**被乗数**とよぶ）a を**指数** b 乗するという**累乗**の演算を考えます．b が自然数 n ならば a^n（a の n 乗）は n 個の a を順次掛けた数です：$a^n = a \times a \times \cdots \times a$（$n$ 個）．

このとき指数法則 $a^{m+n} = a^m \times a^n$ が成立するので，これを一般化すれば $a^0 = 1$，$a^{-n} = 1 \div a^n = \frac{1}{a^n}$ と解釈するのは自然です（ただし，$a \neq 0$ とする：負数の世界を参照）．

また $(a^m)^n = a^{m \times n}$ が成立するので，これを一般化して分数 $b = \frac{m}{n}$ に対し，a^b を「n 乗すると a^m になる数」すなわち a^m の **n 乗根** $\sqrt[n]{a^m}$ と考えるのが自然です．ただしこの場合には原則として $a > 0$ に限定します．そうでないとそのような数が（実数の範囲に）存在しない場合があるからです．

$a < 0$ のとき a の $\frac{1}{2}$ 乗（平方根）は実数の世界にはありませんが，そのために複素数が導入されます（第 5 章参照）．

以下のような詭弁がありました：$\frac{2}{4} \neq \frac{1}{2}$ だ；なぜなら $(-1)^{\frac{1}{2}}$ は（実数の範囲に）存在しないが

$$(-1)^{\frac{2}{4}} = (-1)^2 \text{ の 4 乗根} = 1 \text{ の 4 乗根} = 1 \tag{4}$$

だという説明です．しかし式(4)は誤りでこの正しい答えはやはり $\sqrt{-1} = i$（虚数）です．この誤りの原因はまず $a^{\frac{m}{n}}$ を「a^m の n 乗根」とする解釈に無理があり，正しくは「a の

第 3 章 分数の世界

乗根の m 乗」とすべき点です。さらに負数の分数乗は複素数であり、多価性があって値の選択を誤っています（コラム11参照）。累乗 a^b は見かけは簡単だが

　$a>0$ であるか、または指数 b が整数である

場合以外は、指数関数と対数関数を含む複雑な合成関数で、一般的に多価であり、安易に扱うと危険な対象なのです。

コラム5　整数比の音は快いか？

　古代ギリシャのピタゴラス（ピュタゴラスとするのが原音に近いが慣用に従う）は伝説的な人物ですが、数秘術に基づく「新興宗教」の開祖で、一時はかなりの勢力があったようです。数学とともに音楽の祖でもあり、いわゆるピタゴラス音階が音楽の基礎となっています。

　それによると振動数が1:2の比（オクターブ）が最も快く、次いで2:3の比が快い；したがって基準音から2分の3倍をくり返し、2倍を超えたら半分にする（1オクターブ下げる）ことを反復します。2の累乗と3の累乗とは一致しませんが、ピタゴラスは $2^{19}=524288$ と $3^{12}=531441$ とを同一視して12音の音階体系を構成しました。後になって

$$\frac{3^4}{2^4}=\frac{81}{16} \text{ を } \frac{80}{16}=5 \text{ で近似}$$

することによって現在の標準的な音階ができました（図3.5）。

図 3.5 標準音階

　しかしはたして整数比の振動数の2音は快いのでしょうか？　3：4（ドとファ）はそれほど快いとはいえず，4：7や5：7の音はかなり不協和音の印象です．また低音では2：3も必ずしもあまり快くないことが経験的に知られていて，作曲家の「常識」になっています．

　20世紀の後半になって，電子回路で純粋の正弦波（耳で聞くと必ずしも快くはない）が発振できるようになり，それによる実験で意外な事実が明るみに出ました．

　振動数の違う2音を同時に聞くと，その違いによって感じ方はいろいろです．しかしかなり多くの人々に対する実験により次のような事実が判明しました．それぞれの境界は大体振動数の比によりますが，低音（振動数が小さい）の場合は振動数の差自体も影響します．

　1°　振動数の比が1と2％以内の差なら，一つの音のようなうなり（強弱の波）として聞こえる．

　2°　比と1との差が2〜8％のときは不協和音であり，特に5〜6％のときが最大不協和音である．

　3°　それ以上に開くと2音が別々に聞こえて特に不快感はない．快感は差が開くほど向上するが，特に2：3とか1：2のときに特別に快い印象が生ずるわけではない．

第3章　分数の世界

ピタゴラス以来の伝統と食い違いますが，その原因は簡単です．従来の実験はすべて弦あるいは管で行われました．それらの音は基音の外に5倍程度までの倍音を含み，ある倍音どうしが不協和音域に入って不快感を生じさせていたのです．1：2や2：3は幸いこの範囲には不協和音域に入る倍音の対がありません．3：5もそうです．しかし3：4では$3 \times 5 = 15$と$4 \times 4 = 16$とが，また4：7や5：7では$4 \times 5 = 5 \times 4 = 20$と$7 \times 3 = 21$とが最大不協和音域に共存します．倍音の干渉がほとんど生じないのはごく簡単な整数比だけです．

　もちろんこの実験は伝統的な音階論を否定するものではありません．むしろ完全に「純粋な状態」での実験の困難さを物語る一例でしょう．

コラム6　木星と整数比の小惑星

　これは数からは逸脱しますが，有理数か否かが主題となった自然科学の一例として紹介します．

　現在では小惑星の発見個数は数十万に達しましたが，19世紀後半まだ数百個しか発見されていなかった頃，米国のカークウッドがその周期の分布に著しい非一様性を発見しました．周期6年弱の位置に空隙があり，他にもいくつかその周期の小惑星が少ない箇所がありました．それらが太陽系内で（太陽自体を除いて）ダントツの質量をもつ木星の周期12年弱（精密には11.86年）

と1:2などの簡単な整数比をもつ位置であることが明白でした．

ところが逆にそれよりも長周期の位置（7年以上）では，8年弱（2:3の比）の位置にヒルダ群とよばれる十数個（当時）の群があり，9年弱（3:4の比）の位置にテュール（最果ての地の意味）という小惑星があるだけで，他の周期の小惑星はありません．その少し後に木星と同じ（1:1の比）周期のトロヤ群が発見されましたが，いずれも周期が木星と簡単な整数比です．

小惑星にとって大質量の木星に近づくのは「自殺行為」です．捕まってその衛星になったり，軌道が大きく変えられて太陽系外に飛び出したりしかねません．億年の単位で安定に運動できるための一つの必要条件は，ある限界以上木星に近づかないことです．しかしなぜ半分の周期を境として，内側では整数比地点が欠け，外側では逆に整数比地点にしか小惑星がないのでしょうか？これは永い間天体力学の難問で，いくつかの（珍）仮説が提唱されました．

このうちトロヤ群はオイラーが研究していた「制限三体問題」の正三角形型特殊解と理解されました．

近年になってコンピュータによるシミュレーション（長期間にわたる軌道の追跡）からこの謎が解明されました．単なる比だけでなく，木星からの距離そのものが大きく影響していたのです．

内側では木星との距離が遠いので直接の影響は軽微です．木星との周期比が「事実上の無理数」ならば，永年

にわたる木星の引力は相殺されて軌道に大きな変化は生じません．ただちょうど精密に1:2であると，いつも同じ位置で木星の影響を受けるために，その影響が積み重なって次第に軌道に変化が生じ，最終的にそこから排除されてしまいます．他の整数比でも影響は弱いが同様の傾向があります．釣り鐘を根気よく押し引きして大きく揺らした昔話と同類です．

ところが周期比が$\frac{1}{2}$以上だと木星に近いために，逆に木星と特別な関係がない限り安住できません．ヒルダ群の小惑星は個々の軌道がまちまちだがすべて同じ傾向です．円軌道に近いと不安定ですが，離心率が大きいと遠日点は木星の軌道に達します．しかし2:3という比がきいて，木星から見ると正三角形状の運動をします（図3.6）．木星との最近点は小惑星の近日点付近で，木星からは十分に離れています．遠日点では木星の軌道に近づくもののそのとき木星自体とは前後に60°ほど離れた位置かまたは反対側に来て，ある限度以下には近づきません．周期が正確に2:3でなくてもそのずれがわずかならば，うまくフィードバック（遅れれば周期が短くなり，進みすぎれば周期が長くなる作用）がかかり，このような状態が何億年も続くので，今日まで安定に残ることができました．

テュールも同様に木星から見るとほぼ正方形に近い形の運動をして，木星にあまり近づきません．ただしこの場合はずれの許容範囲（安定域）が狭く，テュールは奇跡的といってもよいバランスで安定を保ってきたようで

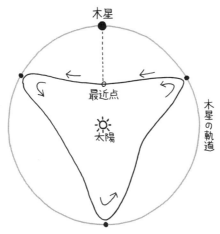

図 3.6 木星からみたヒルダの軌道（模式図）

す．テュールは永らく「孤独な星」とされ，その仲間と見られる小惑星は近年発見されたドンキホーテだけです．ただしこれは「放浪者」であり，現在一時的（といっても数十万年）にテュールの仲間として振る舞っているだけで，いずれはそこから外れて木星に捕まると予想されています．余談ながらドンキホーテなど文学作品上の架空の人物の名がついた小惑星はまだ少数ですが，この命名は的確だったと噂されています．

第4章

実数の世界

第1節　無理数の発見

不通約量の登場

前章のコラム5で述べたピタゴラスは半ば伝説的な人物ですが，その伝統もあって古代ギリシャでは当初すべての数は互いに整数の比で表わされる，つまり整数の比で表される分数だけで十分と考えていました．今日では整数の比で表される数を**有理数**といいます．これは rational number の訳語ですが，原義は「ratio（比）をもつ数」の意味で，むしろ「有比数」とよぶのが的確でした．しかしすでにこの語が定着しているので，厳格にいえば「誤訳」ですがそのまま使います．

ところが幾何学の図形を扱っていると，整数比で表されない線分比が見つかりました．その最初は正五角形の一辺とそ

の対角線，あるいは同じことですが，いわゆるピタゴラス学派が紋章としていた星形正五角形の一辺と頂点の間の線分（いわゆる黄金比）だったようです．しかし正方形の一辺とその対角線（$\sqrt{2}$）についてもほぼ同じ頃から知られていたようです．以下では後者について説明します．整数の比でない2量を**不通約量**（あるいは**非共測量**）といい，それに相当する有理数でない数を**無理数**といいます．

　$\sqrt{2}$が無理数であることの証明は多数あり，その主なものをコラム7で紹介しました．しかし現在の日本では，その証明自体よりも，なぜそのような事実が重要なのかを解説することのほうが必要かもしれません．万物は数でしかも数は整数比で表されるという「哲学」が基礎にないと，どうでもよい話に近いからです．

　数学の理論上で定義された数（例えば円周率）は別として，現実の量を測って得られる数はすべて誤差を含みます．したがってそれが有理数か無理数かという設問は無意味です．ただその数aを次々に$2, 3, \cdots$倍して端下（小数部分）を考察するという場合には，差が現れます．aが有理数なら（理論的には）いつかは整数になって，以後同じ列が繰り返し反復します．無理数だと整数に近い値が現れて似たような列がしばらく繰り返されても，やがては食い違いが大きくなって決して反復しません．天体の運動など非常に長期にわたる安定性が課題になる場合には，このような食い違いが問題になります．その一例（小惑星の周期分布）をコラム6に紹介しました．もっとも数学的に定義された特定の数，例えば円周率が無理数か否かという議論は理論上の興味でしょう．

実際現在の多くの工学者はよく次のようにいいます.「なぜ無理数（実数）が必要なのか？ 現実の測定値はすべて有限小数だし，コンピュータ内の数値も有限桁である.」 これに対する数学者側の解答は（私の意見も込めて）たぶん次のようなものでしょう.「数学を実用することと，基礎理論体系を厳密に構成することとは別問題である. 後者を厳密に再現しなくても理解して活用できるしその必要性は高い. しかし基礎理論が確立されているからこそ，安心して利用できるのだ.」

コンピュータ内部の数値表現および演算方法は，現在ではIEEE（米国電気電子学会）の規格で厳密に標準化されていますが，それに従うと加法の結合法則が必ずしも成立しない（計算順序によって結果が違う）といった現象が生じます.しかしそれらを厳密に解析するには，理想化された数学の基本体系があってのことでしょう.

無理数の扱い

しかし古代ギリシャで扱われた「無理数」は，実質的に整数の平方根 $\sqrt{a}$，それらの和・差，今日の語で二重根号（$\sqrt{(a \pm b\sqrt{c})}$ の形の数）でした. テアイテトスによるこの種の理論がユークリッド『原論』第10巻の内容であり，それが第13巻において正多面体（特に正十二面体）の構成に活用されています. 中世のフィボナッチは，2の3乗根 $\sqrt[3]{2}$ はこれらとは「別種の無理数」だと述べています（証明はしていないが結論は正しい）. これは立方倍長積問題が定規とコンパスだけでは作図できないことを意味します.

しかしこれらの数はすべて整数係数の代数方程式
$$a_n x^n + a_{n-1} x^{n-1} + \cdots + a_1 x + a_0 = 0$$
の解として表される数であり，総括して**代数的数**とよばれます．それらはむしろ「特殊な数」であり，そうでない「超越数」が多量にあります．これらについては第4節で簡単に説明します．

ところで前章でも見たとおり，整数は**離散的**（飛び飛び）で，すぐ次の整数が決まります．有理数（分数）も分母が一定な数に限定すれば整数を縮小したものにすぎず，やはり離散的です．しかし**分数全体**を考えると，**稠密**（ちゅうみつ，あるいは「ちょうみつ」）になります．それはどんなに近い2個の分数 a, b の間にも別の分数（実は無限個）があり，「次の分数」は無意味ということです．両者の間にある分数は例えば平均 $\frac{a+b}{2}$ をとればよく，この操作を反復すれば無限個の分数ができます．

しかし有理数だけでは隙間があり，「連続」にするためには「隙間を埋める」操作が必要になります．それが「実数の連続性」で，その表現法はいろいろできます．その典型的な形を次節で調べることにしますが，その前に歴史的な話を一言します．

古代ギリシャで不通約量が発見された後，必ずしも整数比にならない量の比 $u:v$ の大小・相等について，エウドクソスが巧妙な定義を与えました．それはユークリッド『原論』第5巻に詳しく論じられています．

$u:v$ と $x:y$ について，任意の整数 m, n についてつねに
$$mu > nv \leftrightarrow mx > ny, \quad mu < nv \leftrightarrow mx < ny$$

(↔は同値，すなわち一方が成立すれば他方も成立する意味)のとき$u:v = x:y$とする．もし$mu > nv, mx < ny$である整数m, nがあれば，$u:v > x:y$とする．

これは，連続量（実数）を稠密な有理数$\frac{n}{m}$で近似する操作を巧妙に述べた形です．デデキントらの考えはある意味でこれを現代化した理論といえます．これまでにも数を数直線上に表現してきましたが，数を「連続な」**実直線**そのものにするために，改めて「連続性」とは何かを考えましょう．

コラム7　$\sqrt{2}$の無理数性の証明

一辺の長さが1の正方形では，その対角線の長さが$\sqrt{2}$（2乗すると2になる数）であることは，三平方の定理（ピタゴラスの定理）の特別な場合ですが，直接図4.1からもわかります．それが有理数でないことの証明も多数あります．コンウェイは7通りの証明を挙げていますが，大筋は2系統に分類できそうです．一つは整数の性質によるもので，以下に述べる古典的な奇偶性の活用が典型例です．もう一つは無限互除法（互除法類似の操作が無限に続く）に基づくものです．それぞれ含蓄があるので代表的な証明をいくつか紹介します．

古典的な奇偶性に基づく証明：$\sqrt{2}$が整数の比の値$\frac{m}{n}$と表されたとします．分数$\frac{m}{n}$は既約分数としてよいことに注意します．$\sqrt{2} = \frac{m}{n}$を2乗して両辺にn^2を掛けると

$$2n^2 = m^2 \tag{1}$$

です．これからm^2は偶数，したがってmは偶数$2m'$で

第4章　実数の世界

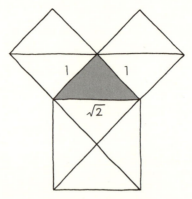

図 4.1　直角二等辺三角形

なければなりません．式(1)に代入すると
$$2n^2 = (2m')^2 = 4m'^2 \Rightarrow n^2 = 2m'^2$$
となります．これから n^2 は偶数，したがって n は偶数 $2m'$ でなければなりません．しかし m も n も偶数では，$\dfrac{m}{n}$ が既約分数とした条件に反します．□

多くの教科書に上記のような記述があります．正しい証明ですが，その昔「簡単な証明」と書いてあったのに若干抵抗を感じたことがあります．かなりもってまわった議論であり，その根底には分数が既約分数で表現できることと，さらに掘り下げれば自然数の減少列が有限回で終わることなどが使われているからです．

実は式(1)で，n と m をそれぞれ素因数に分解すれば，のべの素因数の個数が左辺は奇数個，右辺は偶数個であり，「素因数分解の一意性」に反します．後にそういう証明を書いた本を見て，事態の本質を捉えた的確な

証明だと感心したことがありました．私はこのほうがずっと「簡単」だと思います．

無限互除法による証明：図形的な証明もありますが，数の形で述べます．$\sqrt{2}=\dfrac{m}{n}$ として，m,n をこのように表すことのできる最小の自然数とします．$0<n<m<2n$ ですが，これから $\sqrt{2}=\dfrac{2n-m}{m-n}$ と表されることが導かれます．それを導くには $(\sqrt{2}+1)(\sqrt{2}-1)=(\sqrt{2})^2-1=2-1=1$ から，

$$\sqrt{2}=\frac{1}{\sqrt{2}-1}-1 \tag{2}$$

です．(2) の右辺の分母の $\sqrt{2}$ に $\dfrac{m}{n}$ を代入して整理すればできます．しかし $n<m<2n$ から $0<m-n<n$, $0<2n-m<m$ であり，$\sqrt{2}$ が最初の分母・分子よりも小さい自然数の比で表されるので矛盾です．□

この変形はいろいろありいずれも若干技巧的ですが，式 (2) が $\sqrt{2}$ の無限連分数表示（無限互除法の一段階）であることを活用した証明です．

もう少し技巧的な証明は，上記の無限連分数の部分列を2次不定方程式（いわゆるペル方程式）

$$x^2-2y^2=1 \tag{3}$$

の整数解の比 $\dfrac{x}{y}$ として，$\sqrt{2}$ の近似分数列を比較する方法です．ペル方程式の一般論を解説する余裕はありませんが，式(3)には次のような漸化式で与えられる解の無限列があります．

$x_0=1, y_0=0;\ x_1=3, y_1=2;$ 以下 $n\geqq 1$ について
$x_{n+1}=6x_n-x_{n-1},\ y_{n+1}=6y_n-y_{n-1}.$

第4章　実数の世界

$n \geq 1$ 以降の $\dfrac{x_n}{y_n}$ の具体的数値は，初めの5項が次のとおりです．

$$\frac{3}{2},\ \frac{17}{12},\ \frac{99}{70},\ \frac{577}{408},\ \frac{3363}{2378}$$

これらは $\sqrt{2}$ の非常によい近似値です（電卓で計算してみてください）．実際次の不等式が証明できます．

$$0 < \frac{x_n}{y_n} - \sqrt{2} < \frac{1}{2y_n^{\,2}} \tag{4}$$

これらは直接に計算して証明できます．

さてもしも $\sqrt{2}$ が有理数 $\dfrac{m}{l}$ だったら，どのような有理数 $\dfrac{q}{p}$ で近似しても，両者が一致しない限り両者の差の絶対値は $\dfrac{1}{pl}$ 以上です．y_n は急激に増加しいつかは一定の分母 l より大きくなりますから，$\sqrt{2}$ との誤差が限界値 $\dfrac{1}{y_n l}$ より小さい $\dfrac{1}{2y_n^{\,2}}$ 以下というのは矛盾です．□

いささか皮肉な結果ですが，このように有限数列で非常によく近似できる数は無理数です．実際このような形で無理数であることを証明できる数もあります．

なお円周率 π が無理数であることは，ランベルトが連分数を活用して初めて証明した（1761年）とされていますが，インドのマーダヴァ学派の人々が14世紀頃に連分数によって（ランベルトのよりも巧妙に）π の無理数性を示していたことが知られています．今日では積分の評価による初等的な証明もあります（例えば巻末に引用した『数学の学び方』の小平邦彦の記事参照）．

第 2 節　実数の連続性

　実数全体は「連続体」で数直線に対応しますが，その事実を数学的に厳密に定式化するのはそれほど容易ではありません．稠密性だけでは不十分なことは前節末に述べました．この課題は 19 世紀になって真剣に研究されるようになり，多くの興味ある議論がされました．

　そのあたりを論ずるだけで大部の書物ができるくらいですが，ここでは標準的な結論を扱うだけに留めます．この問題に大きな一石を投じたのはドイツのデデキントです．彼の『数とは何であり，何であるべきか』(1871 年) も重要ですが，『連続性と無理数』(1872 年) が本質的です．これには日本語訳もあり，数学者にとって「必読の書物」の一つともいわれました．

　高校の教科書によく次のような記述があります．「実数とは有理数と無理数を合わせたもので，有限小数あるいは無限小数で表される数である．そして直線上の点と一対一に対応づけることができる．」この前半は一種の定義とみなされますが，厳密にいうと循環論法になりかねません．後者の主張は事実上極めて重要な事実ですが，差し当たっては一つの公理（理論の基礎となる仮定）と考えておいたほうが無難です．もちろん（用語の詳しい説明は省略しますが）実数を「連続な全順序をもつ体」として特徴づけ，基準点 0 と 1 を定めた直線（数直線）上の各点に実数を一意的に割り当てて，両者に順序を保った一対一対応をつける操作が可能です．そのことを詳細に論ずるのが「実数論」の主題です．本

書ではその構成のいくつかを解説するのに留めます．

デデキントの切断

デデキント自身の着想はかなり古く，1858年まで遡るといわれますが，出版までにかなりの年月を要しました．その要点は次のとおりです．

直線上の点の表す数（実数）全体は全順序集合です．これを A, B 2個の共通部分のない集合の合併に分割し，任意の A の要素 x と，任意の B の要素 y に対してつねに $x < y$ であるようにします．このような分割を**切断**とよびます．理想的な鋭利な刃物で，ある点において直線を切ったイメージです（図4.2）．デデキントの主張は次のとおりです：

ある数 α を定めて

$$\left.\begin{array}{l} A = \{\alpha \text{ 以下の数}\}, \quad B = \{\alpha \text{ を超える数}\} \\ A = \{\alpha \text{ 未満の数}\}, \quad B = \{\alpha \text{ 以上の数}\} \end{array}\right\} \quad (1)$$

とすれば，それぞれの A, B の組は切断の実例である．ところが逆に切断は式(1)で与えられるものしかない，これこそが連続性の本質であり，式(1)で定まる α を，その切断の表す実数と定義しよう． □

図4.2 切断

「読者の多数は連続性の秘密がこのような平凡な事実にすぎないと聞くと意外の感に打たれるだろう．…しかしもし上の原則が自明だと思うなら我が意を得ている．…」といった意見を述べています．

これに対して多くの批判・討論がありましたが，この本ではこれを認めて進みます．その活用は大別して二つの方向があるように感じます．一つはこの主張を「実数の連続性の公理」（の一つ）と捉えて，解析学の基礎とする方向です．通常の微分積分学を学習する「実用的な立場」ではそれで十分と思いますが，もう少し使いやすい形に変形もします．

もう一つは有理数全体 Q の切断を考えると，「切り口」が空になる場合があることに着眼します．$\sqrt{2}$ が無理数なので，

$A = \{0$ と負の有理数$\} \cup \{$正で $x^2 < 2$ である有理数$\}$

$B = \{x^2 > 2$ である正の有理数$\}$

とすれば切断の条件を満たしますが，ある数 α に対して式 (1) のようにはなりません．このとき切断によって α（この場合は $\sqrt{2}$ に相当）を**定義**しようという方向です．これは前述のエウドクソスの，比の大小を有理数で判定しようという考え方の発展とみられます．

このようにして有理数から実数を構成するとは，このように「定義された実数」の大小・相等・四則演算などを定義し，改めてその全体 R が前記の連続性の公理を満足することを証明するという理論を展開する方向です．

この構成理論は多くの教科書に厳密に記述されていますが，この本ではあえてそれを避けて，実数の構成は別の道を採ることにしました（次節参照）．

区間縮小法

上記の切断はたしかに実数の連続性の本質を正しく衝いています．しかし極限値という局所的な性質を論ずるのにいち

いち実数（あるいは有理数）全体の切断を考えるのは重荷です．もっと便利な局所的な性質として，次の**区間縮小法の原理**（入れ子の原理）が有用です：

> 実数の増加列 $\{a_n\}$ と減少列 $\{b_n\}$ とがあり，つねに $a_n \leqq b_n$ かつ $b_n - a_n$ $(\geqq 0)$ が限りなく 0 に近づくとする．このとき**閉区間** $I_n = [a_n, b_n] = \{a_n \leqq x \leqq b_n$ を満たす x 全体$\}$ の列全体に共通な実数 α がただ一つ存在する．

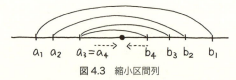

図 4.3　縮小区間列

直観的にはほぼ自明ですが，切断の原理から，これが次のようにして証明できます．すなわち実数のうち

$$A = \{\text{ある } n \text{ に対して } x < a_n \text{ である } x\} \atop B = \{\text{ある } m \text{ に対して } y > b_m \text{ である } y\} \quad (2)$$

とおくと，A, B に共通な数はありません．任意の A の要素 x，B の要素 y に対してつねに $x < y$ です．他方もしも A にも B にも属さない数 z があるとすれば，すべての n について $a_n \leqq z \leqq b_n$ を満たすので，$b_n - a_n \to 0$ からそのような z は（あっても）ただ一つです．その z を A に加えて A' とすれば A' と B とは切断の条件を満たし，それで定まる数 $\alpha = z$ がすべての閉区間 I_n に共通です．もし A にも B にも属さない数 z がなければ切断(2)で定義される実数 α をとります．□

注意　この原理を一般化して $b_n - a_n \to 0$ という制約を除き，「すべての区間 I_n に共通に含まれる数が存在する」とい

う形にすると実用価値が高まります．これも正しいのですが，その厳密な証明にはほかにいくつかの補助的な公理（しばしば暗黙の性質として密輸入して使っている）が必要なので，基礎としてはそれを避けました．

集積点

数列$\{x_n\}$の極限値αとは，αの近傍Uすなわち小区間$[\alpha - \varepsilon, \alpha + \varepsilon]$を任意に指定したとき，$x_n$中の有限個を除いて（ある番号から先のすべてが）$U$に含まれるような値です．これに対して条件を少し緩めて，「x_n中の無限個がUに含まれる」としたとき，αを**集積点**といいます．いわばそこにx_nが「たかっている」値です．「集積値」というべきかもしれませんが，この語は多少別の意味に使われることがあるので避けました．もしも$\{x_n\}$が**有界**（ある定数Mに対して$|x_n| < M$）であって集積点がただ一つαだけならば，αが極限値です．しかし例えば$x_n = (-1)^n$のように集積点が複数（この場合は$+1$と-1）あれば$\{x_n\}$の極限値は存在しません．収束しないという意味では**発散**ですが，$|x_n|$が限りなく大きくなる（無限大に発散する）場合と区別して**振動する**ともいいます．

区間縮小法は便利ですが，さらに別の形を論じます．

「有界な数列は必ず集積点をもつ」という命題は，**ボルツァノ・ワイエルストラスの定理**とよばれ，実数の連続性の表現の一つです．以下の証明は厳密にいうと途中でいくつかの公理を密輸入しているのですが，区間縮小法の原理から次のように導かれます．

数列 $\{x_n\}$ が有界なので，適当な定数 a_1, b_1 により，すべての n について $a_1 \leq x_n \leq b_1$ です．区間 $[a_1, b_1]$ を2等分すれば，どちらか一方（両方のこともある）に無限に多くの x_n が含まれます．それを $[a_2, b_2]$ とします．両方とも無限に多ければ例えば左半分を採ります．この操作を反復すれば，次々に長さが半分になって全長が限りなく0に近づく縮小区間列 $[a_n, b_n]$ ができます．それらに共通に含まれる一点 α が集積点です．α の任意の近傍 U 内には十分大きな番号 m の小区間 $[a_m, b_m]$ が含まれ，作り方からその内に無限に多くの x_n が含まれるからです．□

数の世界から多少逸脱しますが，同様の二分法（一種の区間縮小法）によって，微分積分学の基本的な次のような定理が証明できることを注意します：

中間値の定理 $f(x)$ が閉区間 $[a, b]$ で連続であり，$f(a)$ と $f(b)$ の符号が違えば，区間内に $f(c) = 0$ である c が存在する．

平均値の不等式 $f(x)$ が閉区間 $[a, b]$ の各点で微分可能なら区間内に $f'(c) \leq \dfrac{f(b) - f(a)}{b - a}$ を満足する c が存在する．これから「導関数 $f'(x)$ がつねに正なら $f(b) > f(a)$（f は増加）である」ことが示される．

この最後の「　」内の主張は**微分学の基本定理**とよばれることがあります．普通には等号が成立する c の存在（平均値の定理）を示して証明します．それも正しいのですが，この目的には上述の不等式で十分であり，そのほうがずっと容易

に証明できます.

基本列と完備性

　実数からなる集合 A が長さ l の区間に完全に含まれるとき,仮りに **l くらい小さい** とよぶことにします.数列 $\{x_n\}$ に対して,限りなく 0 に近づく正の数の列 $\{l_m\}$ があり,各 m から先の $\{x_n | n \geq m\}$ が l_m くらい小さいとき,数列 $\{x_n\}$ は**基本列**をなすといいます.**コーシー列**とか**コーシーの基本列**という用語も使われます.

　極限値 α に収束する数列は基本列です.逆に「基本列は必ずある極限値 α に収束する」という命題が上述の議論から証明できます(後述).これも実数の連続性の一つの表現で,この性質を実数の**完備性**といいます.同様の性質は一般的に 2 点間の距離が定義された「距離空間」について考えられます.完備な距離空間での**縮小写像**:$f(x)$ と $f(y)$ との距離が,ある定数 $L (0 < L < 1)$ に対して x と y との距離の L 倍以下の写像;は必ず**不動点** ($f(x_0) = x_0$ である x) をもちます.x_1 から始めた逐次の反復例:$x_{n+1} = f(x_n)$ が基本列をなし,その極限点 x_0 が所要の不動点です.この事実は関数解析学において,各種の方程式の解の存在証明に本質的な役割をします.

　少し飛躍しました.実数に戻って完備性の証明をします.まず基本列は有界なことに注意します.それはある番号 m から先の x_n 全体が 1 くらい小さく,それ以外の x_n は x_1 から x_{m-1} までの有限個であることからわかります.有界なら集

積点 α があり,それはただ一つです.もし相異なる2個 α, β があったら,十分先の $\{x_n | n \geq m\}$ が $|\beta - \alpha|$ 未満の数 l(例えばその半分)くらい小さくはなり得ません.そのただ一つの集積点 α が $\{x_n\}$ の極限値になります.□

　無限小数があったとき,それを小数点以下 n 桁までとった有限小数 x_n の列は,x_m から先の x_m 全体が 10^{-m} くらい小さいので基本列になります.したがってそれはある極限値 α に収束し,α がその「無限小数の表わす実数値」です.このように考えれば,よくある質問: 0.999…＝1か？ に対しても明確にそうだと答えられます.しかしこれは重要な疑問なので念のために次に別の観点からその説明を試みます.

なぜ 0.999…＝1 か？

　無限小数を論ずる場合にしばしば問題となるのが標題の等式です.これに対する説明はいろいろ可能で一つはすでに論じましたが,極限の概念が本質的にからんできます.

　標題の等式に違和感がある一つの理由は,有限小数で表される実数の無限小数表示が一意的でなく,1 に対して見かけ上大いに違う 1.000… と 0.999… とがともに可能という事実(表現の二意性)が受け入れ難い点にあるようです.小数による表現は一通りのはずという「先入観」が災いしています.

　前述の繰り返しですが普通の説明は次のようです.循環小数 $0.999\ldots = 0.\dot{9}$ とは,これを有限で切った有限小数の列

　　0.9, 0.99, 0.999, 0.9999, …

の極限値を意味する；そのおのおのの数と極限値たるべき 1 との差は

0.1, 0.01, 0.001, 0.0001, …

と順次限りなく小さくなり，どのような正の数 ε を指定してもいつかは ε より小さくなる．したがってその極限値は正の数ではなく（もちろん負の数でもあり得ず），結局 0 でしかない．その極限値は $1 - 0 = 1$ そのものである． □

これで正しいのですが，これだけでは納得しない人が多いので，私は次のような補足説明をしています．

よろしい；$0.999\cdots = \alpha$ が 1 とは違う（1 より小さい）ある数だとしましょう．そうすると α と 1 の間には数があり得ず，どのような小数を考えても 1 以上か α 以下になる；とすると実数は連続でなく α と 1 の間に穴があきます．しかもそれはこの一箇所だけではなく，あらゆる有限小数について，例えば $0.26000\cdots$ と $0.25999\cdots$ との間などにも同様に穴があきます．実数はいたるところ穴だらけでとても「連続」とはいえなくなります．

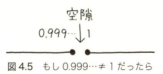

図 4.5 もし $0.999\cdots \neq 1$ だったら

もちろんそういう体系（一種のカントル集合）を考えることもありますが，それではせっかく有理数の穴を埋めて連続体にしようとした実数を，連続体として扱うことが不可能になります．実数を「連続体」としてその上で微分積分学などの理論を展開しようと試みるならば（少々くやしくても）$\alpha = 1$ とせざるを得ないのではないでしょうか． □

これは背理法的な（そうしないと困る）苦しまぎれで姑息

な説明かもしれません．しかしこのように割り切るのも一つの考え方だと思います．

まとめ

実数の連続性を表現する命題は他にも多数あります．特に重要なのは，次のワイエルストラスの定理です：実数内の，上に有界な集合 A には**最小上界（上限）** α が存在する．——**上に有界**とはある一定の数 c があって，A の任意の要素 x が $x \leqq c$（実際には $x < c$）を満足することで，このような c を**上界**といいます．上界のうち最小数が存在するというのがその主張です．同様に下に有界な集合の下界（「げかい」と発音することも多い）のうちには最大な数（**最大下界；下限**）が存在します．

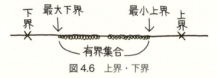

図 4.6 上界・下界

これは強力な条件で有用ですが，私はわざと避けました．多くの教科書には上述の諸条件が互いに同値であり，必要に応じて適切な定理を利用せよ，とあります．実用上はそれで何ら問題はありません．しかし厳密にいうとそれらは階層構造をなしており，それらの「同値性」の証明には選択公理を初め，自明なようだが必要な公理（ないし補助定理）が暗黙のうちに使われているのです．この本のような入門解説書では余分な配慮かもしれませんが，そのような点を考慮して（ある意味で最も弱い）区間縮小法を中心に論じた次第です．

実のところ区間縮小法をうまく活用するだけで，微分積分学の大半を論ずることが可能であり，入門第一歩では教育的にそのような方式を採るのも一つの道と思った次第です．そのためにはいくつかの基本定理の証明を伝統的な方法に準拠せず，改めて工夫しなければなりません．それは余分な労力かもしれませんが，理解を深める意味で無意味な努力ではないと信じます．この本は「数の世界」であり，その方面の解説書ではないので，そういう裏の事情もあるという言い訳に留めます．

第3節　実数の構成

有理数の体系 Q を既知として，それから実数の体系 R を構築する理論はいくつかあります．その中で最も有名で標準的なものはデデキントの**切断**による方法で，多くの教科書にあります．これは実数 α を表す有理数の切断（という集合）が一通りに定まるという点が便利です．しかし哲学的な議論もさることながら α の局所的な議論にも有理数全体を考えるなど実用上には多少の難点があります．以下ではカントルによる**基本列**に基づく構成を解説します．

この方法の欠点は，特定の実数 α を表す基本列が一通りではなくそれらの「同値類」である点です．しかしこのような考え方は現代の数学ではかなり普遍的です（コラム 4 参照）．

カントル以前にもハイネやメレなどが同種の考えをしています．1970 年代にビショップらが精力的に構築した「構成

的実数の構成的理論」(ある意味で最も弱い形の微分積分学)では切断が使用できず,基本列によらざるを得ないという事情も勘案しました.

無限小数によって実数を構成する理論も何人かの数学者が展開しています.無限小数を有限位で切った列が基本列をなすので,同じ考え方で一つの標準列を採用した形です.ただしこの方法では(正の数に対して)それを定義する基本列が増加列に限定されるため,それが便利な点と,かえって一般理論の展開を不透明にする部分とが共存します.

以下しばらく数学の教科書のような記述が続きますが,そこは軽く読み流してくださって構いません.なお,この議論は「理系への数学」2010年1月号所載の筆者の「数の体系」第9回に準拠します.

基本列による実数の構成

前節で述べたとおり,**基本列**とはある番号 m から先の $\{a_n\}$ の大きさ l_m が限りなく 0 に近づく数列です.以下この節では基本列をギリシャ文字で表し,その構成要素である有理数を $\alpha = \{a_n\}$ のようにラテン文字で,番号を n, m などで表すと約束します.

> **定義 4.1** 2個の基本列 $\alpha = \{a_n\}$ と $\beta = \{b_n\}$ とが**同値**とは,両者を合わせた $\gamma = \alpha \cup \beta = \{a_1, b_1, a_2, b_2, \cdots\}$ が,それ自体基本列をなすことである.このことを $\alpha \sim \beta$ と表す.

これは「同値性の条件」(コラム4)を満足します.同一

性と対称性はほぼ自明ですが，$\alpha \sim \beta, \beta \sim \gamma$ ならば三者を合わせた $\alpha \cup \beta \cup \gamma$ も基本列になり，$\alpha \sim \gamma$ となることから推移性もわかります．

まず順序関係を導入します．

> **定義 4.2** 基本列 $\alpha = \{a_n\}$ がある有理数 s 以下[以上]：$\alpha \leq s$ $[\alpha \geq s]$ とは，s より大きい[小さい]任意の有理数 t に対して $a_n > t$ $[a_n < t]$ であるような番号 n が（ないかまたはあっても）有限個のことである（[ ]内はそのように読み換える意味）．

> **補助定理 4.1** 基本列 α と有理数 s との間に，$\alpha \leq s$ か $\alpha \geq s$ の少なくとも一方が成立する．もし両方とも同時に成立すれば $\alpha = \{a_n\}$ は s に収束し，$\alpha = s$ としてよい．

証明 もしも両方とも成立しなければ，定義 4.2 によってある $u, v : u < s < v$ に対して $a_n < u, a_m > v$ である n, m がともに無限個ある．そのような m, n では $a_m - a_n > v - u > 0$ となるので，$\{a_n\}$ は基本列であり得ない．後半は s の任意の近傍 $[s-e, s+e]$ に対し，ある番号から先の a_n がすべて含まれて $a_n \to s$ となる．□

> **補助定理 4.2** 同値性は順序を保つ．すなわち $\alpha = \{a_n\} \sim \beta = \{b_m\}$ であって，$\alpha \leq s [\alpha \geq s]$ ならば $\beta \leq s$ $[\beta \geq s]$ である．

証明 $\alpha \leq s$ について示す（$\alpha \geq s$ も同様）．任意の $s > t$

に対し，稠密性から $s > u > t$ である u がある．$u < a_n$ である a_n は有限個に限る．他方ある番号 m から先の $\{a_n\}$ は $s - u$ くらい小さいから，十分大きな l に対し l より大きい番号 n について $a_n \leq u, |b_n - a_n| < t - u$，あわせて $b_n < t$ を得る．これは $\beta \leq s$ を意味する． □

定理 4.3 上述の順序によって基本列の同値類に**全順序**が入る．

証明 $\alpha \sim \beta$ のときは $\alpha = \beta$ とする．もしも $\alpha = \{a_n\}, \beta = \{b_m\}$ が同値でなければ，ある $d > 0$ に対して $|a_n - b_m| > d$ である番号 n, m が無限にあるが，実は $a_n - b_m > d$ か $a_k - b_l < -d$ のどちらか**一方だけ**が無限個の $n, m (k, l)$ について成立することを示す．両方とも無限に多くの n, m, k, l について成立したと仮定する．α, β 自体はともに基本列なので，ある番号から先の**すべての**番号 n, m, k, l について $|a_n - a_k| < d/2, |b_m - b_l| < d/2$ が成立する．該当する番号の組は無限にあるので，これらの不等式が同時にある番号の組 k, l, n, m について成立する．それから
$$d = \frac{d}{2} + \frac{d}{2} > a_n - a_k + b_l - b_m$$
$$= (a_n - b_m) - (a_k - b_l) > d + d = 2d$$
を得るが，これは $d > 0$ と矛盾する．結局前述の不等式のうちどちらか一方だけが無限に多くの番号について成立することになる．前者ならば $\alpha > \beta$，後者ならば $\alpha < \beta$ と定義すれば，必ず一方だけが成立する． □

このように定義された順序関係が「順序の公理」（コラム10参照）を満足することは証明を要します．しかし特に重

要な推移性は補助定理 4.2 を活用して容易に証明でき，他はほぼ自明です．

実数の四則演算

減法も同様なので加法について説明します．もっとも $\alpha = \{a_n\}$ ならば $-\alpha = \{-a_n\}$ としてよいので，減法は符号を変えた数（反数）との和と解釈することも可能です．

> **定義 4.3** α と β の和は，おのおのを代表する基本列 $\{a_n\}$, $\{b_m\}$ をとって $\{a_n + b_n\}$ の定める実数とする．

これで和が定義できる（well defined）ためには，まず $\{a_n + b_n\}$ が基本列をなすこと，次に同値な $\{a'_n\}$, $\{b'_m\}$ をとったときに，$\{a_n + b_n\} \sim \{a'_n + b'_n\}$ であることを示す必要があります．いずれも証明を要しますが，前者は基本列の定義から直接にわかります．後者も基本列と同値性の定義から直接に，十分先の番号 n, m について

$$|(a_n + b_n) - (a'_m + b'_m)| \leq |a_n - a'_m| + |b_n - b'_m| \to 0$$

を示して確かめられます．□

このように定義した加法が交換法則・結合法則などの基本公式を満足することあるいは加法が順序関係と整合することなども証明を要しますが，上述と同様にできます．気になる読者の方は各自で証明を考えるとよい演習課題でしょう．

上述のように加減法を定義すると $\{a_n\} = \alpha$ のとき，$|a_n| - \alpha, \alpha - |a_n|$ がともに基本列をなし，それが $\{0\}$ と同値という意味で，$a_n \to \alpha$（数列 a_n が α に限りなく近づく）といえます．

第 4 章　実数の世界

定理 4.4 このように定義した実数 α の全体は**完備**である.

証明 実数の基本列 $\alpha^{(m)}$ があるとし,各 $\alpha^{(m)}$ を定義する有理数の基本列の代表 $\{a_n^{(m)}\}$ をとる.任意の(十分に小さい)正の有理数 e に対し,$\{a_n^{(m)}\}$ は各 m に対してそれぞれある番号 k_m から先の数全体は e くらい小さくなる.そこで改めて $\{a_n^{(m)} | n \geq k_m\}$ が $1/m$(0 に収束する数列)くらい小さいような番号 k_m をとり,$c_m = a_{k_m}^{(m)}$ $(m = 1, 2, \cdots)$ とおけば,$\{c_m\}$ は基本列になる.詳しくいうとある番号 k について $i, j \geq k$ のとき

$$|\alpha^{(i)} - \alpha^{(i)}| < e, |c_i - \alpha^{(i)}| < 1/i, |c_j - \alpha^{(j)}| < 1/j$$

とできるので,あわせて $|c_i - c_j| < e + 1/i + 1/j$ となる.ここで $l \geq k, l > 1/e$(有理数)ととれば $i, j \geq l$ のとき $|c_i - c_j| < 3e$,すなわち l 番目から先の $\{c_i\}$ は $3e$ くらい小さくなり,基本列の条件を満足する.この $\{c_i\}$ の定める実数を γ とすれば,$m \geq l$ のとき $|c_m - \alpha^{(m)}| = 1/m < e$ とできる.これは $|\alpha^{(m)} - \gamma|$ が 0 に近づくこと,すなわち $\alpha^{(m)} \to \gamma$ を意味し,完備性を保証する. □

やかましくいうと代表 $\{a_n^{(m)}\}$ と同値な $\{b_n^{(m)}\}$ に対して同様の操作をしてできる基本列 $\{d_m\}$ が $\{c_m\}$ と同値であり,極限値 γ が一通りに定まることを確認する必要があります.しかしそれは型どおりに証明できますので,気になる方は各自で確かめてください.

実数どうし α, β の**乗法**もまったく同様に,おのおのを定義する基本列 $\{a_n\}, \{b_m\}$ の積 $\{a_n b_n\}$ が基本列をなすこと

を示して定義できます．このとき個々の基本列が有界なことが本質的です．その上で交換法則・結合法則・分配法則などを証明することができます．手間はかかりますが加法の場合と同様に型どおりにできます．

除法については**逆数**を定義すれば十分でしょう．$\alpha = \{a_n\}$ が 0 でなければ，有限個の番号を除いて $\{a_n\}$ は符号が一定（すべてが正かすべてが負），しかもそれらの絶対値がある一定の正の数 d 以上として構いません．したがって $\left\{\dfrac{1}{a_n}\right\}$ は有界 $\left(\left|\dfrac{1}{a_n}\right| < \dfrac{1}{d}\right)$ であり，それ自体が基本列になります．その定義する実数が α の逆数 $\dfrac{1}{\alpha}$ です．

以上駆け足ですが実数の間の四則の定義を説明しました．あわせてこのようにして構成された「実数の体系」が完備であり，前節での連続性を満足することも確かめました．

同値類によって定義するとき「正しく定義できる」(well defined の仮の訳語) という概念が本質的です．上述ではごく一部しか確かめませんでしたが，省略した箇所もすべて同様の論法で示すことができます．

このような方法で正の数 β の累乗 β^α も定義できます．そのためには有理数の上で定義された関数 $f(x)$ の定義域を実数に拡張するという一般論を展開すると有用です．α を有理数に固定して累乗される数 β を有理数から実数に拡張するのは比較的容易で上述と同様にできます．次に累乗指数 α を拡張すること考察します．

関数の定義域を拡張すること

実際にはまったく一般的な基本列よりも，目的の実数 α

に上下から近づく縮小区間列 $[a_n, b_n]$ を活用するのが有用です（その端点の列 $a_1, b_1, a_2, b_2, \cdots$ は基本列をなす）．さらに例えば a を固定して和 $a+b$ を有理数上で定義された関数 $f(x) = a + x$ とみなし，その定義域を有理数から実数へ拡張する操作が考えられます．乗法など他の演算についても同様です．正の数の累乗は，まずその有理数乗を定めてからその定義域を拡張するという考えで定義するのが本筋のようです．

微妙な注意ですが，この場合 $f(x)$ が単に x について**連続**というだけでは，その操作は困難ないし不可能です．そのためには $f(x)$ が**一様連続**である必要があります．これは微分積分学において重要な論点ですが，本書の主題からは外れすぎるのでこれ以上述べません．幸い多くの関数は単調性と**リプシツ条件**：ある定数 $L > 0$ があって $|f(x) - f(y)| \leq L|x - y|$ を満足するので，それらが活用できます．

有理数上で定義された関数 $f(x)$ が単調増加でリプシツ条件を満たすとします．実数 α に上下から α をはさんでそれに近づく縮小区間列 $I_n = [a_n, b_n]$ を作ることができます．$f(a_n) \leq f(b_n)$；$f(a_n)$ は増加，$f(b_n)$ は減少でかつ $|f(b_n) - f(a_n)| \leq L|b_n - a_n|$ なので，$J_n = [f(a_n), f(b_n)]$ は長さが 0 に近づく縮小区間列です．それの定める実数を $f(\alpha)$ と定義すれば，これは正しく（縮小区間列によらず）定義でき，f は実数全体に定義できます．

$\beta (> 1)$ を定めた累乗 β^x は x について単調増加です．$\beta^x - \beta^y = \beta^y (\beta^{x-y} - 1)$ と変形すれば，$x = 0$ の近くを調べてリプシツ条件が証明でき（コラム 8 参照），上述の議論に

含まれます．

　上に述べた方法は姑息で小細工を弄しています．実数およびそれに関する諸演算をもっと一貫した方法で定義するのが自然であり，またそれは可能です．たびたび申すとおりこの本はそのための教科書ではなく，考え方の説明が主眼であるため，あえてこのような展開にしました．

　微分積分学の入門としては自然対数の底 e を導入し，指数関数 $e^x = \exp(x)$，その逆関数 $\ln(x) = \log_e x$ を定義する必要があります．それには伝統的な方法以外にいろいろの道筋もあります．しかしそれらは数の世界からは離れすぎますので，一般の累乗の正体とともに，コラム 11 にその一端を述べるのに留めます．

コラム 8　累乗に関して

　本文で一般の実数乗を定義する折に，有理数乗が累乗指数に関してリプシツ条件を満たすことを活用しました．この性質は β^x が x について微分可能なので結果的には当然ですが，この段階でそういうと循環論法になります．

　逆数をとれば $\beta > 1$ とし $t > 0$ の場合を考えれば十分です．指数の性質から t が 0 に近いときだけで十分なので，$0 < t < \dfrac{1}{2}$ とします．この範囲の有理数 $t = \dfrac{q}{p}$ に対して逆数 $\dfrac{q}{p} = \dfrac{1}{t}$ の整数部分を n とすれば，$2 \leq n \leq \dfrac{1}{t} <$

$n+1$ から $\dfrac{1}{n} \geqq \dfrac{q}{p} > \dfrac{1}{n+1} \geqq \dfrac{2}{3n}$ です．ここで $\beta^{\frac{1}{n}} = \delta > 1$ とおけば

$$\beta^{\frac{1}{n}} - 1 = \delta - 1 = \frac{\delta^n - 1}{\delta^{n-1} + \delta^{n-2} + \cdots + \delta + 1}$$

$$< \frac{\beta - 1}{n}$$

であり，

$$0 < \beta^{\frac{q}{p}} - 1 < \beta^{\frac{1}{n}} - 1 < \frac{\beta - 1}{n} < \left[\frac{3}{2}(\beta - 1)\right]\frac{q}{p}$$

となります．この右辺の [ ] 内の係数は（β に依存するが）$t = \dfrac{q}{p}$ とは無関係の定数 K です．逆数をとるなどすれば $0 > t > -\dfrac{1}{2}$ のときも同様の評価 $|\beta^t - 1| < Kt$ を得ます．したがって有理数 x, y が十分近く，ともに絶対値がある限界 c 以下なら

$$|\beta^x - \beta^y| = |\beta^y||\beta^{x-y} - 1| < (\beta^c K)|x - y|$$

となり，$L = \beta^c K$ が x, y とは無関係な定数です．$0 < \beta < 1$ のときは逆数をとって同様の議論ができます． □

以上ははなはだ技巧的でエレガントではありませんが，このようにして一応切り抜けた次第です．

累乗を論じたついでに少々奇抜な問題を紹介します．

問題 α, β が正の無理数で，α^β が有理数になる例を示せ．

もちろん無数の解答が可能ですが，次の例はいかがでしょうか？

$\alpha = \beta = \sqrt{2}$ とする．もしも $\sqrt{2}^{\sqrt{2}} = \gamma$ が有理数なら

ば，それでよい．もしも γ が無理数ならば，改めて $\alpha = \sqrt{2}^{\sqrt{2}}, \beta = \sqrt{2}$ とおくと

$$\alpha^\beta = (\sqrt{2}^{\sqrt{2}})^{\sqrt{2}} = (\sqrt{2})^{\sqrt{2}\times\sqrt{2}} = (\sqrt{2})^2 = 2$$

と有理数になる．□

これは奇妙な論法です．$\gamma = \sqrt{2}^{\sqrt{2}}$ は有理数か無理数かのどちらかですから，上記の議論の半分は無意味なはずです．実は $\sqrt{2}^{\sqrt{2}}$ は超越数（したがって無理数）であることが証明されているので，上述の議論の後半が真の解答です．

しかし $\sqrt{2}^{\sqrt{2}}$ が有理数か無理数かが不明でも，上記の証明全体は数学的には正しい議論です．数学の議論で「もしも」というとき，その後の仮定が実は現実にあり得ない状況であっても，その後の議論が正しければ，全体は（たとえ結果的には無意味な内容であっても）正しい証明になります．コラム4でも一言しましたが，数学の証明が理解困難と感ずる場合の中には，当人があまりにも現実的すぎて「架空の話には対応し難い」という側面もあるように思います．

第4節　超越数の世界

超越数とは代数的でない数です．このように定義が「否定的」なために統一的な議論は困難です．ここでも標題を掲げたもののごくあっさり見て回るだけです．

「論理的」に考えると，この世界は次のように発展するのが「自然」なように思われます．

1° 超越数の存在が論理的に示される．

2° 具体的に超越数の実例が構成される．

3° 既知の特定の数（例えば円周率）が超越数であることが証明される．

4° 超越数の中にさらにいろいろな種類が混在していることが明白になり，再分類と個々の類の研究が深まる．

現実の歴史では 1° と 2° が逆転しています．2° は 1830 年代にリューヴィルが行い，1° は 1870 年代以降のカントルの集合論によって解明されました．3° は自然対数の底 e （1874；エルミート），円周率（1882；リンデマン）と続いて，その後多くの成果が挙がりましたが，未解決の数も多数あります．4° は 20 世紀の後半以降やっと手がつき始めた段階です．

数学史を振り返ると，論理的に期待される順序と歴史的な発展順序とが逆転している例がときたまあります．空想ですが，宇宙のかなたの別世界の知的生物の数学は結果的に我々のものと同一でも，かなり違った経路を辿って発展したものがあるかもしれないなどと考えることがあります．

以下では 1° について若干解説します．これはそれ自体が重要な話題だからです．

有理数の可算性

カントルは「無限を数える」という大胆な仕事から「集合論」を創設しました．その発端・経過も数学史上重要ですが，当面の話から外れすぎるので省略します．

2 個の有限集合の個数の大小は，両者を数えなくてもその

要素の相互間に一対一の対応をつければ判定できます．森の木の数を数えるのに一本ごとに縄を巻いて後で縄の数を数えた故事が一例です．ちょうど全体が収まれば同数，どちらかが余ればそのほうが多数です．しかしこの考えを無限集合に拡張すると，「全体とその真の部分とが一対一に対応すること」があります．正の整数全体と完全平方数全体とが一対一に対応する（$n \leftrightarrow n^2$ の対応）ことは，すでに17世紀にガリレオが『新科学対話』中で注意しています（図4.7）．現在では上の「　」内の事実が成立する集合を**無限集合**とよんでいます．その存在にはいろいろと議論がありますが，「それが存在する」という事実，ないしそれと同値な命題を**無限の公理**（理論の基礎となる仮定）とするのが現在の標準的な立場です．

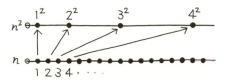

図4.6 n と n^2 との一対一対応．全体と真部分集合が対応．

無限集合にもいろいろあり，その中で「一番小さい」のが自然数の集合です．この事実は「選択公理」を仮定すれば証明できます．その濃度（個数）を，カントルはヘブライ文字を使って $\aleph_0$（アレフ・ゼロ）と表しました．それと一対一対応がつけられる集合を**可算集合**といいます．昔は可付番とか可数という訳語もあり，「カサンのかカス（ウ）のか」といった冗談もありました．

冗談はさておき，有理数全体が可算集合であることは，以

下のようにして証明できます．「一対一対応」というのがまったく抽象的な関係で，順序などの性質をすべて捨象する（忘れる）ことに注意してください．

有理数の集合が可算であることを示すには，正の有理数全体が可算であることを示せば十分です．整数 Z は

$$0, 1, -1, 2, -2, 3, -3, \cdots. \tag{1}$$

と番号づけをする，すなわち N が偶数のとき $\frac{n}{2}$，奇数のとき $-\frac{n-1}{2}$ を対応する Z の要素とすることにより可算集合ですが，同様の操作を正負の有理数全体と正の有理数との間で実行すればよいわけです．

普通は正の有理数 $\frac{m}{n}$ を正の整数の対 (m, n) とみなし，和 $m+n$ が等しい族（おのおのは有限個）にまとめて順に番号をつける方式で証明されています．それで正しいのですが，多数の重複（可約分数も含まれる）が生じます．むしろ以下のような証明のほうがすっきりしていると思います．便宜上自然数を 0 から始め，$\tilde{N} = N \cup \{0\}$ から Z への (1) を修正した次の標準対応 $\phi(n)$ を作ります：

$\phi(0) = 0, \phi(1) = 1, \phi(2) = -1, \cdots$

一般に $\phi: \tilde{N} \to Z$ を

n が偶数ならば $\phi(n) = -\dfrac{n}{2}$

n が奇数ならば $\phi(n) = \dfrac{n+1}{2}$.

素因数分解の一意性により，正の整数 n を $p_1^{e_1} p_2^{e_2} \cdots p_l^{e_l}$ と素因数分解して，それに正の有理数 $p_1^{\phi(e_1)} \cdots p_l^{\phi(e_l)}$ を対応させます．形式的にそれに含まれない素数 q^0 を書いても $q^{\phi(0)} =$

$q^0 = 1$となって，影響しません．0には0が対応し，それ以外ではこの対応で各正の整数には洩れなく一つの正の有理数が対応し，両者の間には直接に一対一対応がつきます．

さらに進んで代数的数全体が可算集合であることが証明できます．その証明はコラム9で示します．

実数の非可算性

一対一対応という関係は，無限集合の「大きさ」を識別する手段です．カントルは実数全体 $\boldsymbol{R}$ が可算でないことを示しました．一口に「無限」といってもいろいろな段階があるわけです．そして代数的数全体が可算集合であることから，そうでない超越数の存在（しかも非可算で代数的数よりも「多い」）ことが（抽象的に）示されました．これは驚くべき結果でした．

$\boldsymbol{R}$ あるいはその一部の区間 $[0,1]$ が非可算である証明に，カントルは「対角線論法」を使いました．各実数を無限小数で表し，$\boldsymbol{N}$ と一対一対応が可能，つまり番号がつけられたとします．n 番目の数の n 桁目を別の数字に変えた新しい数を作ると，それが並べられたどの数とも一致せず，とりこぼしがあるという議論です．

これは大変重要な論法ですが，無限小数表示が一意でないための技術上の修正など若干の技巧がいります．さらにいろいろな方面からこの論法に批判がありました．コラム9では別の証明を紹介しました．ただしそれは区間の長さという計量を使うので，別の面から批判があるかもしれません．

では可算集合と実数の濃度の中間の濃度をもつ集合がある

か？ これは**連続体問題**とよばれた難問で，カントルは一生これに悩まされました．ヒルベルトの「数学の問題」(1900年パリの国際会議での講演)でも筆頭に取り上げられています．今日ではこれは集合論の公理系とは独立で，肯定しても否定してもそれとは矛盾しないことが証明されています．

以上の話はいずれも無限集合に関する有名な事実ですが，数の世界自体とは別世界なので，要点を紹介するのに留めました．

コラム9　実数の非可算性の一証明

実数全体の集合が可算集合でないことは本文で述べたとおり，カントルが証明しました．以下の別証は長さの概念を使うので議論の余地がありますが，参考までに紹介します．

実数の一部分である区間 $[0, 1]$ すなわち $0 \leq x \leq 1$ の範囲の実数が非可算であることを示せば十分です．それらに N と一対一対応がついたとします．n に対応する実数を x_n とし，各 x_n を中心として全長が $\frac{1}{2^{n+1}}$ の小区間 I_n を作ります．これらの区間の合併は，重なりもあり区間 $[0, 1]$ の外にはみ出す部分もあるでしょうが，ともかく区間 $[0, 1]$ を完全に覆うはずです．しかしその長さの和は無限等比級数の和

$$\sum_{n=0}^{\infty} \frac{1}{2^{n+1}} = \frac{1}{2^2} + \frac{1}{2^3} + \cdots = \frac{1}{2}$$

よりも小さい（重複を考慮して）ので，それだけで，全長1の区間を完全に覆うというのは不合理です．□

　他方代数的数全体が可算集合であることは，次のようにして証明できます．各代数的数ξに対してそれが満足する最低次数の整数係数代数方程式で係数の間の公約数が1だけのように簡約した式を

$$a_n x^n + a_{n-1} x^{n-1} + \cdots + a_1 x + a_0 = 0, \ (a_n \neq 0)$$

とし，その次数と係数の絶対値の和

$$n + |a_n| + |a_{n-1}| + \cdots + |a_1| + |a_0| = H(\xi)$$

をξの**高さ**とよびます．例えば，$\sqrt{2}$は$x^2 - 2 = 0$の解であり，高さは$2 + 1 + 2 = 5$です．高さ1のξはなく，高さ2のξは$x = 0$の解0だけ，高さ3のξは$\pm x \pm 1 = 0$の解± 1だけなど；これらは平凡ですが，ともかく高さhのξは，対応する方程式が有限個なので全体で有限個しかありません．必要なら実数でない解を除いても構いません．ともかく$h = 1, 2, 3, \cdots$のおのおのに対して，その高さをもつ代数的数がそれぞれ有限個しかないが，代数的数はいずれもある高さをもつので，全体として可算個になります．□

　以上は集合論の入門の話です．無限集合にはいろいろと我々の常識とは「変わった」性質があり，興味深いものの十分に注意をしないと危険なことがあります．それらは無限と連続に関する書物を参照ください．

第5章

多次元数の世界

第1節　複素数の世界

　前章までで実数（数直線）の世界を一わたり見学しました．しかし数の世界はこれで完結しません．さらに「多次元数」ともいうべき世界が広がります．その中で**ベクトル**は一種の多次元量ですが，演算が加減法と定数倍に限定されるので本式の「数」とはいい難く，興味ある対象ですが除外します．

　これに対して**複素数**は平面で表されますが，もともと代数方程式を解くために不可欠な対象でした．今日では量子力学などは複素数を本質的に必要としますが，以下では歴史的な流れに沿ってまず複素数の由来を展望します．

2次方程式

多くの方が初めて複素数に接するのは2次方程式の解でしょう。判別式が負の2次方程式に対して最初は「解なし」と教わりますが、やがて「複素数解」があるというささやかなパラダイムシフトに出合います。

2次方程式の一般的な解の公式を初めて発見した人物はわかりませんが、たぶん四千年ほど前のメソポタミアの神官と推測されます。その後何度も再発見されています。もちろん当初は実数の解、それも多くは正の解だけしか考察の対象になりませんでした。判別式（に相当する量）が負数のとき2次方程式に実数の解がないことは和算家も知っており、そのような方程式になる問題を「病題」とよんでいました。

実のところ2次方程式だけならば、形式的に-1の平方根に相当する$\sqrt{-1}=i$を導入して虚数解を考えること自体に、それほど強い必然性はなかったでしょう。しかし一歩進んで3次方程式を考えると、どうしても「複素数」が必要になってきました（後述）。

第2章で述べたように、負数さえも容易に受け入れられな

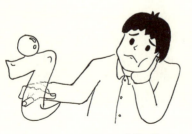

図 5.1　虚構の数 i

かった時代に負数の平方根などまったく「無意味」だったでしょう．正の数 a の2乗 $a \times a = a^2$ はもちろん正ですが，$(-a) \times (-a) = a^2$ と負の数の2乗も正になるので，負数の平方根は現実にあり得ない虚構の数すなわち**虚数**でした．せいぜいうまく使うと有用な結果が容易に導かれるという意味で「便利な虚構」でした．それが幽霊ではなく実質的な諸意義があると広く認められたのは，19世紀になってからです．

3次方程式

実用上の必要もあって3次方程式は意外に古くから扱われていました．古代ギリシャでも近似解法があり，また2次曲線（円錐曲線）の交点とした図的解法もありました．中世イスラム圏の数学者も随分研究しています．今日の「代数的解法」も15〜16世紀に何度か再発見されており，誰が「最初に」発見したのかは大論争の種です．そういう穿鑿は無意味に近いという極論もあります．ここでは歴史的な発想・経過とは食い違いますが現代流に考えてみます．

高等学校での数学の因数分解の難題の一つに次の公式

$$a^3 + b^3 + c^3 - 3abc$$
$$= (a + b + c)(a^2 + b^2 + c^2 - ab - bc - ca) \qquad (1)$$

があります．さしあたり右辺を掛ければ左辺に等しくなるというので納得してください．ここで c を x（未知数）に変えると，3次方程式

$$x^3 - (3ab)x + a^3 + b^3 = 0 \qquad (2)$$

になり，その左辺が

$$(x + a + b)(x^2 - ax - bx + a^2 - ab + b^2)$$

と因数分解されます．これから方程式(2)の解は

$x = -(a+b)$ と

$x^2 - (a+b)x + (a^2 - ab + b^2) = 0$ の解 (3)

です．(3)の後者は2次方程式の解の公式により

$$x = \frac{1}{2}\left[(a+b) \pm \sqrt{-3(a-b)^2}\right] \qquad (4)$$

と表されます．

一般の3次方程式は x の平行移動（x を適当な $x - k$ に置き換える）により，x^2 の係数が0である $x^3 + px + q = 0$ の形に帰着できます．これを方程式(2)と比較すると

$$p = -3ab, \qquad q = a^3 + b^3 \quad \text{これから} \quad a^3 b^3 = -\left(\frac{p}{3}\right)^3$$

ですから a^3 と b^3 とが2次方程式 $t^2 - qt - \left(\frac{p}{3}\right)^3 = 0$ を解いて求まります．その3乗根 a, b から式(3), (4)によってもとの方程式の解が求められます．

しかし問題が残ります．2次方程式の解である a^3, b^3 がともに実数ならその3乗根 a, b を実数とし，式(4)の後の項を $\pm\sqrt{3}(a-b)i$ ($i = \sqrt{-1}$) として，1実数解，2虚数解を得ます．虚数解を無視することもあるでしょう．しかし2次方程式が実数解をもたなかったら，虚数 a^3, b^3 の3乗根を計算しなければなりません．

皮肉なことに，もとの3次方程式が3個の相異なる実数解をもつときは，つねに a^3, b^3 は虚数になります．実数解を求めるために虚数を経由しなければなりません．この場合は「不還元の場合」とよばれて，何とか実数の範囲で解けないかと永年研究されました．しかし19世紀になってそれは不

可能であることが証明されました．その証明自体はガロワの理論などの専門書を参照ください．結局この場合虚数は避けて通れない対象でした．

複素数を平面で表示

確かに $i=\sqrt{-1}$ は数直線上にはありえない虚の数です．しかしここで心機一転，i を 1（実数）とは別世界の単位と考えて，1 と i とを基準とする**平面**を考えてはどうでしょうか？

負数の話で解説しましたが，インドの数学者は -1 を「反転」だと明確に理解していました．$180°$ の回転です．それなら $\sqrt{-1}=i$ は $i^2=-1$，つまり 2 回反復すると $180°$ の回転となる；i はその半分の「$90°$ の回転を表す」；それは平面上で数直線とは直角の方向の量です．そう考えると $a+bi$ という数を平面上の座標 (a, b) の点で表すのはしごく自然な考えです（図 5.2）．a を**実部**，b を**虚部**とよびます．

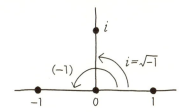

図 5.2 -1 が反転なら i はその半分の回転

虚数を平面で表し**複素数**という名を提唱した一人は「数学王」といわれたガウスです．今日複素数を表わす**複素数平面**はしばしば**ガウス平面**ともよばれます．歴史的には，スイス

のアルガンほか，同じような考えをした学者が何人もあり，フランスでは**ガウス・アルガン平面**とよんでいます．アルガン（Argan）は人名で偏角を意味するargument（後述）との音の類似は偶然です．しかしその普及はガウスの功績といえます．

余談ですが，複素数を表す平面に対して**複素平面**という用語も広く使われています．細かい話ですがわざわざ「複素数平面」という理由は，代数幾何学において複素数2個を座標(α, β)とする（実数上では4次元空間の）「平面」を「複素平面」とよぶので，それとの混同を避けた工夫です．両方が同時に使われることはほとんどありませんが，同じ用語が別の意味で使われるのは混乱のもとです．ただし少々潔癖すぎる配慮かもしれません．

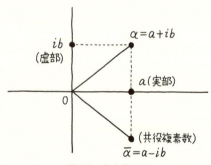

図 5.3 複素数平面

ところで前述の3次方程式の解の式(4)は平方根の部分を$\sqrt{3}\,(a-b)i$とすると

$$x = \left(-\frac{1}{2}+\frac{\sqrt{3}}{2}i\right)(-a) + \left(-\frac{1}{2}-\frac{\sqrt{3}}{2}i\right)(-b),$$
$$x = \left(-\frac{1}{2}-\frac{\sqrt{3}}{2}i\right)(-a) + \left(-\frac{1}{2}+\frac{\sqrt{3}}{2}i\right)(-b) \tag{5}$$

と表されます．もう一つの解が$-a$と$-b$の和なのでそれに合わせました．式(5)において$(-a)$, $(-b)$の前の係数$-\frac{1}{2}\pm\frac{\sqrt{3}}{2}i$は，正の実数の方向から120°，240°（あるいは$-120°$）の方向にあります．これは$\frac{1}{3}$回転，すなわち「3回反復するともとに戻る操作」を意味します．-1を掛ける操作は2回するともとに戻る操作で，それと似ているものの，直線上だけを考えていては存在し得ない操作です．

こうなると，平面を考えることは，自然を超えて必然性が感じられます．なお上記の$-\frac{1}{2}\pm\frac{\sqrt{3}}{2}i$のように$a\pm bi$の形の複素数を互いに他の**共役複素数**といいます．昔は共軛（同じ軛につながれた二頭の馬の意味）と書きました．常用漢字の関係で同音の別の字に書き換えた次第です．重役，三役，上役など類似の語が多いので，これは書き換えに成功した例でしょう．

極座標表示

複素数平面を考えたとき，複素数の間の加法・減法は成分ごとに（ベクトルと同様）に実行すれば済みます．しかし乗法・除法を考えると，直交座標による$a+bi\leftrightarrow(a,b)$という表現だけでなく，以下のように極座標を考えると有効です．

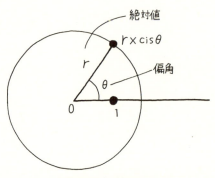

図 5.4 極座標表示

極座標とは平面上の点を原点（極）からの**距離** r と横軸（この場合は正の実数を表す軸）からの**偏角** θ で表す方式です（図 5.4）．$z = a + bi$ に対しては

$$r = \sqrt{a^2 + b^2},\ a = r\cos\theta,\ b = r\sin\theta \tag{6}$$

という関係で結ばれます．r を z の**絶対値**といって $|z|$ で表します．実数 x の絶対値が $\sqrt{x^2}$ と表されるので，x を複素数の $x + 0i$ とみなせば自然な拡張になっています．偏角は普通ラジアン単位（全周を 2π とする単位）で表しますが，数値を扱うときには度で表現することもあります．両者を混同しないように注意してください．偏角を $\theta = \arg z$ で表すと

$$z = |z|\ (\cos\theta + i\sin\theta) \tag{7}$$

ですが，式(7)の（ ）内を $\operatorname{cis}\theta$ と略記する流儀もあります．「独立国家共同体」（CIS）とは無関係で，単に cos i sin の頭字の羅列です．数学的には指数関数を使うと $e^{i\theta} = \exp(i\theta)$ と表されますが，そうなる理由を長々と説明しなくても済む略記号です．なお式(7)を $\cos\theta + \sin\theta\, i$ と書かな

いのは，$\sin(\theta i)$ との混同を避けるための習慣です（交換法則は当然と考えて）．

偏角には（ラジアン単位で）2π の整数倍の付加自由度があります．$-\pi < \theta \leqq \pi$ とか $0 \leqq \theta < 2\pi$ と限定（標準化）することもありますが，それにこだわりすぎると問題が生じます．なお0の偏角は定義しません．

さて**複素数の積**は形式的な計算どおり

$$(a + bi)(c + di) = ac + (ad + bc)i + bdi^2$$
$$= (ac - bd) + (ad + bc)i \qquad (8)$$

ですが，極座標を使って両者を $a + bi = r\operatorname{cis}(\theta)$, $c + di = s\operatorname{cis}(\phi)$ と表すと三角関数の加法定理によって

$$(a + bi)(c + di) = rs\operatorname{cis}(\theta + \phi)$$

とまとめられます．つまり2個の複素数の積は

　　絶対値は絶対値の積，偏角は偏角の和

という関係で計算できます．同様に除法は（除数 $\neq 0$ として）

　　絶対値は絶対値の商，偏角は偏角の差

として計算できます．特に n 乗は，絶対値は n 乗，偏角は n 倍です（**ド・モアブルの定理**）．

前にも述べたとおり，演算は変換とも考えられます．加法は**ずらし演算**（平行移動）です．これは複素数でも平面上の平行移動として同様です．正の実数倍は相似変換（拡大・縮小），-1 倍は反転です．複素数に一般化すると，複素数 $r\operatorname{cis}(\theta)$ を掛けることは「r 倍の相似変換および角 θ の回転」を同時に実行したことになります．この操作を**回し伸ばし**ともいいます．**回転操作**が絶対値1の複素数を掛ける演算

第5章　多次元数の世界

で実行できるという点に注意しておきます．

複素数変数 $z(=x+iy)$ の関数 $w=f(z)$ を図で表すのに，グラフを描こうとすると4次元の世界になって直観的でありません．そのため通常はこれを**写像**と考えます．z 平面上の図形が w 平面上にどう移されるか，逆に w 平面上のある図形の原像は何か，両者の間に共通の性質があるのかなどを考察します．他方それを補助として平面幾何学の図形を研究することも可能です．その方面にも面白い例が多数ありますが，それらは複素関数論の入口であって，複素数の世界からは逸脱するので，詳しくはその方面の専門書に譲ります．そうした扱いが複素数に親しみを感じる有用な手段と期待します．

コラム10 複素数に順序が入らないとは？

「複素数には順序が入らない」と多くの教科書にありますが，その意味するところは多少解説がいります．

順序とは集合 Ω 内の要素対に対する関係です．その公理（条件）にはいろいろの述べ方がありますが一例を挙げます．

1° **全順序性**: 任意の要素対 a,b に対して，$a \neq b$ ならば $a<b$ か $b<a$ か（後者を $a>b$ とも記す）のどちらか一方だけが成立する（$a>a$ は成立しない）．

2° **推移性**: $a<b, b<c$ ならば $a<c$ である．

このような「抽象的な順序」ならば，複素数に導入することは可能です．例えばまず実部を比較して b のほう

が a より大きいときに $a<b$ とし,もしも両者が等しければ虚数部を比較して大きい方を大とすればよいのです.この順序は複素数の中の実数どうしの順序をそのまま保ちます.

しかしこのような「形式的な順序」はあまり役に立ちません.複素数は四則演算ができるので,それと**整合する**順序:

3° $a<b$ ならば $a+c<b+c$ (和と整合)

4° $a<b$ で $0<c$ ならば $ac<bc$ (積と整合)

でないと意味がありません.上述の順序は 3° は満たすが,4° を満たしません.上の定義では $0<i$ ですが,$0<i(=c)$ を掛ければ $0<i\times i=-1(<0)$ となって矛盾を生じます.実は上述の順序以外のどのような順序を工夫しても,同じような矛盾を生じます.もし $i<0$ なら $(-i)$ を加えて $0<(-i)$ であり,$0<(-i)\times(-i)=-1$ という同じ矛盾になります.標題の文言は,

複素数には和,積と整合する(全)順序は入らない

という事実を略して述べていると解釈するのが妥当です.

ところが近年(といっても 20 世紀の前半以降),「全順序性」をゆるめて,ある対 a,b の間だけに順序関係がある(そうでない要素対は比較不能)とした**半順序**が普及してきました.このように拡張すれば和,積と整合する半順序を導入することは可能です.しかし証明は略しますが,それは結局次のようになります:

a と b の虚部が一致するときのみ,その実部に従っ

て順序をつける．虚部が違う 2 数は比較不能とする．

これでは $a - b$ が普通の正の実数のときにだけ $a > b$ ($b < a$) としたのと同じことです．わざわざ「順序を入れた」などと高言する価値はありません．結局本質的な順序は入らない結果になります．

数学の文章は論理的といわれますが，直接の文面に現れない暗黙の含意が多数あるのが普通です．コラム 4 での注意とは逆ですが，ある意味で「行間を読む」技術も必要です．それが「数学リテラシー」（読解力）の一つでしょう．この例も「文章を文字どおり形式的に解釈しただけでは不十分」な一例かもしれません．

なお複素数の絶対値 $|\alpha|$ は正の実数ですが，$|\alpha|$ の大小で順序をつけると加法と整合しません．

方程式論の基本定理

複素数が重要な理由は，「代数方程式がその範囲で必ず解をもつ」ことです．昔はこれを「代数学の基本定理」とよんでいましたが，代数学が方程式論から抽象代数学へ変身した現在では不適切な用語で，標題（小見出し）のようによぶべきと思います．

この定理の歴史は，「数学の厳密証明」がどうあるべきかという見地変遷の観点からも興味がありますが，それは本書の主題から外れるので要点だけを簡単に述べます．この事実を初めて明示したのはアルベール・ジラール（1626 年）で，18 世紀にダランベール，オイラー，ラグランジュ，ラプラスなど当時の最高の大数学者たちが相次いで証明を与え

ました．しかしガウスは彼の学位論文（1798年）で，先人たちの証明はすべて正しくないと主張し，「新しい証明」を提唱しました．現在ではオイラーの「構成的証明」には疑問点が残るが，ラプラスの議論：「解 α があるとすれば $\alpha = a + bi$ と表される」を合理化して正しい証明とすることは可能で，事実上この時点で正しく証明されたとされています．

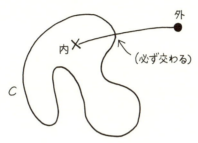

図5.5 ジョルダンの曲線定理

ガウスの証明も「ジョルダンの曲線定理」：平面上の単一閉曲線 C は平面を内外に分け，両者を結ぶ曲線は C と交わる（自明のようだが，定式化され証明されたのは19世紀末）を当然の事実として使用しているので，「厳密」とはいい難い点が残ります．実際ガウス自身はその後さらに3種の別証明を与えています．

複素関数論の発展に伴い，コーシーは解析学を活用した証明をし，リューヴィルは複素関数論による簡明な証明をしました．ただし後者は「解が存在しないと仮定すると矛盾が生じる」という論法なので，それが「存在証明」なのかという哲学的な議論があります（特に排中律を認めない立場で）．

この定理の「代数的証明」と称する議論もありますが，い

ずれも実数の連続性に関する何らかの性質が使われています.その意味でこれは「代数学の定理」ではないのです.

今日「簡単な証明」とされるのは回転指数の概念を使う以下の方法です.以下の証明は飛ばしても構いません.

回転指数の厳密な定義は多少厄介ですが,直観的には明白です.閉曲線 C の上にない一点 a について,その周りの**回転指数** $N(C, a)$ とは,a に回転するテレビカメラを据えつけて,C 上の一点からスタートし C を一周して出発点をゴールとするランナーを追跡したとき,最終的にカメラが軸の周りを何回回ったかという(向きの正負もつけた)数値です(図5.6).

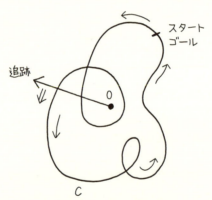

図5.6 回転指数.この例では $N(C, 0) = 2$.

$N(C, a)$ は整数値であり,C が a を通らぬように動いても不変です.

さて代数方程式
$$p(x) = a_n x^n + a_{n-1} x^{n-1} + \cdots + a_1 x + a_0 = 0 \tag{9}$$

$(n \geqq 1, a_n \neq 0)$

があるとします.$a_0 = 0$ なら $x = 0$ が解の一つで次数が下がりますから $a_0 \neq 0$ とします.原点 0 を中心とする半径 r の円周上に x を動かしたとき,$p(x)$ によるその像の作る閉曲線を C_r とし,回転指数 $N(C_r, 0) = m(r)$ を考察します.

r が 0 に近ければ C_r は a_0 の近くにあって原点 0 から離れているので $m(r) = 0$ です.他方 r が巨大ならば,$p(r)$ はほぼ半径 $|a_n|r^n$ の大きな円周の近くを動き,原点の周りを n 回転します:$m(r) = n \geqq 1$.さてもしも $p(x) = 0$ に解がないなら,C_r は原点 0 を通りませんから,r が変わっても回転指数 $N(C_r, 0) = m(r)$ は一定のはずです.ところが r が小さいときには 0,大きいときには n という違う値になるので矛盾です.□

この場合少なくとも理論上では,いろいろな r について $m(r)$ を調べて,その値が変わるところに解があるはずと結論できますから,「存在証明」といってよいと思います.この証明で整数が離散的(飛び飛び)であり,整数値の「連続的な変化」はまったく変わらないことという性質が本質的です.以上の議論は直観的ですが,回転指数の概念を積分によって厳密に定義し,全体を合理化することが可能です.

複素数の重要な性質の一つはこの基本定理ですが,他にも関連した複素数変数関数の微分積分学に相当する複素関数論(複素解析)や,複素整数など重要な理論が多数あります.佐藤超関数理論の 1 変数の発端は,現実の実数の世界の諸相を複素数平面上の諸現象の投影だと見る考え方でした.しかしそれらは専門の数学の話で「複素数の世界」からは逸脱す

るので，最後に複素数の理論的構成に言及して完了します．

複素数の理論的構成

以上いささか能天気に $a+bi$ として計算してきましたが，a と bi と「別種の」数を無雑作に加えたのはいささか疑念が起こりそうです．複素数を理論的に構成する方法は，天下り的ですが実数2個の順序対 (a, b) を「複素数」とよび，それらの間の加法と乗法を次のように定義するものです：

$$(a, b)+(c, d)=(a+c, b+d),$$
$$(a, b) \times (c, d)=(ac-bd, ab+bc) \qquad (10)$$

この加法と乗法は交換法則，結合法則，分配法則を満足し複素数全体は体をなすことが確かめられます．しかし加法は自然ですが，乗法はいかにもわざとらしく見えます．もっと別な (ac, bd) とかではいけないのでしょうか？

目的によってはそのような「変態複素数」（スプリット複素数，二重数ともいう）を考えることもあります．しかしそれらは体にはなりません．四則演算のできる体になるのは乗法を式(10)のように定義したときだけです．

もし行列の計算を知っているなら，複素数 (a, b) を行列

$$\begin{bmatrix} a & -b \\ b & a \end{bmatrix} = aE+bC; \ E \text{単位行列}, \ C=\begin{bmatrix} 0 & -1 \\ 1 & 0 \end{bmatrix} \qquad (11)$$

で表現することもできます．$C^2=-E$ でこれは $\sqrt{-1}$ に相当します．行列の普通の和，積の計算が自然に式(10)を与えます．複素数の行列表現は案外自然と思います．

代数的には多項式を考えて x^2+1 を法として還元するという構成もできます．x^2 以上は x^2+1 で割った剰余に還元

されるので，実質的に1次式 $a + bx$ だけで十分です．普通の多項式のように計算して，x^2 を -1 に置き換える，という計算をしたのと同じです．x^2 が -1 に還元されるので，x が $\sqrt{-1}$ に相当します．

この操作は一般に基礎体 K 内に解をもたない代数方程式 $p(x) = 0$ があるとき，その解 $x = \alpha$ を K に**添加した拡大体**を作る体の拡大操作の特別な場合です．「添加する」といっても，α 一つだけをつけ加えるのではなく，α の多項式をすべて添加した上で $p(\alpha)$ を法として還元するのです．実数体 **R** に $i = \sqrt{-1}$ をただ一つ添加して複素数体 **C** にしただけで，すべての代数方程式の解がその中に存在する（前述の基本定理）のは，むしろ驚異的な現象でしょう．

コラム 11　一般の累乗

累乗 a^b（あるいは a^b）は簡単な記号なので気楽に使われますが，a が正の実数であるときと b が整数のとき以外には乱用すると危険な対象です．

それを正しく理解するにはまず指数関数と対数関数を理解する必要があります．**指数関数**の定義もいろいろ可能ですが，一般的には級数の理論を済ませた上で，ベキ級数により

$$e^z = \exp(z) = 1 + z + \frac{z^2}{2!} + \cdots + \frac{z^n}{n!} + \cdots = \sum_{n=0}^{\infty} \frac{z^n}{n!}$$

と定義するのが早道でしょう．z が複素数 $x + iy$ ならば $e^z = e^x(\cos y + i \sin y)$（三角関数はラジアン単位）と表

されます．

　対数関数 $\ln z = w$ は指数関数の逆関数で，このとき $e^w = z$ です．$w = u + iv, z = r\operatorname{cis}(\theta)$ と表すと，$e^u = r$ ($u = \ln r$)，$v = \theta$ です．ただし偏角には（ラジアン単位で）2π の整数倍の自由度があるので，正式に $v = \theta + 2\pi in$（n は整数）とすべきでしょう．

　なお記号 ln は自然対数（natural logarithm）の国際標準記号です．日本では工学系では慣用ですが，数学では log あるいは $\log_e$ と記されています．しかし常用対数などとの混同があるので ln と表わすことにします．

　注意すべきは対数関数が「無限多価関数」である点です．z が正の実数のときは $v = 0$ とした実数値の対数を使うのが標準ですが，それ以外の場合にはこの多価性に留意がいります．かつて（1715年頃）ライプニッツとヨハン・ベルヌイの間で「負数の対数」に関する大論争があり，いろいろと矛盾めいた事実も指摘されました．最後は両者とも，負数の対数は複素数でしかも無限多価関数であり，矛盾めいた事実は値のとり方のくい違いによると理解して，納得したようです．

　一般の**累乗**はこれらの合成関数として
$$a^b = \exp(b \cdot \ln a) \tag{2}$$
と定義されます．a が正の実数のときは $\ln a$ を普通の対数（偏角が0）にとって a^b を実数とします．b が整数のときには多価性は $\exp(2\pi ibn)$ を掛ける自由度ですが，m が整数ならばつねに $\exp(2\pi im) = 1$ であって多価性が現れません．

しかし他の場合には多価性に要注意です．b が実の有理数 $\dfrac{p}{q}$ ならば $a^b = a^{\frac{p}{q}}$ は q 価になります．それ以外，すなわち b が実の無理数かあるいは実数でない真の複素数のときは無限多価であり，どの値をとるのか十分に注意を要します．

具体的にいくつか挙げましょう．

指数関数 e^z は 0 にならないので $\ln 0$ したがって 0^b はそのままでは無意味です．極限値を考える場合には 0^0 は**不定形**です．不定形という語は若干あいまいです．「値が定まらない」のではなく，「一般論だけでは値が定められない」，「場合によっていろいろな値になり得るから個別に計算の工夫を要する」と解釈するのが無難です．x を正の実数として $x \to 0$ としたとき，$x^0 \to 1$，$0^x \to 0$，$x^x \to 1$，$x^{(1/\ln x)} \to e$ などとさまざまな極限値が生じます．軽々しく無条件に $0^0 = 0$ あるいは $0^0 = 1$ としてはいけません．1^i は

$$\exp(i \cdot \ln 1) = \exp(i \cdot 2\pi i n) = e^{-2\pi n} \quad (n \text{ は整数})$$

です．

i^i（アイのアイ乗）は

$$\exp(i \cdot \ln i) = \exp\left(i \cdot \left(2\pi i n + \frac{\pi}{2} i\right)\right) = e^{-\pi\left(2n + \frac{1}{2}\right)}$$

で，無限多価ですが，値はすべて実数です．実際の関数値でそのどれをとるべきかは，場合ごとに個々に考えなければいけません．くれぐれも累乗 a^b を軽々しく扱ってはいけません．

第2節　四元数と八元数

四元数の導入

　数の体系としては複素数で一応完結です．しかし1次元の実数から2次元の複素数へ拡張ができたのなら，もっと高次の3次元，4次元へと拡張ができないものかと考えるのは自然のなりゆきでしょう．

　アイルランド（当時英国領）のハミルトンは諸方面に多くの業績を残した大数学者ですが，この問題に没頭して四元数を発見しました．しかしそのためには乗法の交換法則を捨てなければなりませんでした．

　彼は四元数の有用性を信じ，大いに宣伝もしました．明治初期の日本（や当時の世界各国）での数学の専門教育には四元数が大きく取り上げられていますが，実際にどのくらい教えられて使われたのかは不明です．

　今日ではそれから派生した3次元ベクトル解析のほうが重要視されています．また電磁気学や特殊相対論を四元数で記述すると，数学的には綺麗な形にまとめられます．その応用として3次元空間の回転が四元数の乗法で簡単に表現されることが近年再発見され，アニメーションの作成などに活用されています．しかし数学の理論以外での応用といえば一応この程度のようです．

　以下ハミルトンがどのように四元数を考案したかを略述します．数の加減法だけならベクトルの形で成分ごとに何次元でも可能ですが，意味のある乗法をも要求すると困難に満ちていました．当初3次元の数 $a + bi + cj$ ($i^2 = -1, j^2 = -1$)

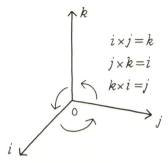

図5.7 3個の単位と積

を考えたのですが,結局積 ij を第4の単位 k とせざるを得なくなりました.その結果を簡単に述べると以下のとおりです.

$\alpha = a + bi + cj$ のノルム(絶対値の2乗)を $\|\alpha\|^2 = a^2 + b^2 + c^2$ とし,積について $\|\alpha \cdot \beta\| = \|\alpha\| \cdot \|\beta\|$ を要請します(専門用語で**組成代数**).そうすると

$$\alpha^2 = (a + bi + cj)^2$$
$$= a^2 - b^2 - c^2 + 2abi + 2acj + bc(ij + ji)$$
$$(a^2 + b^2 + c^2)^2 = (a^2 - b^2 - c^2)^2 + (2ab)^2 + (2ac)^2$$

から $ij + ji = 0$,すなわち $ij = -ji$ とせざるを得ません.実数倍をまとめてよく,また結合法則は成立すると仮定すると $k = ij$ $(ji = -k)$ は

$$k^2 = (ij) \cdot (ij) = i \cdot (ji) \cdot j = -ikj = i(ij)j$$
$$= -(ii)(jj) = -(-1) \times (-1) = -1$$

となり,$ijk = k^2 = -1$ となります.

ハミルトンは三元数でなく四元数としたとき,3個の虚数単位 i, j, k の相互の積が,全体として簡単な式

$$ijk = -1, \qquad i^2 = j^2 = k^2 = -1 \tag{1}$$

にまとめられることを散歩途中で気づき，それを通り掛った橋に記したと伝えられています．その場所は現存しており，英国 BBC 放送作の映画で見たこともあります．乗法の結合法則は成立するが，交換法則は成り立たない（掛ける順序に注意）として，式(1)を活用すると，次のような関係式が証明できます：（積の記号は省略）．

$$ij = k, jk = i, ji = -k, ik = -j, ki = j, kj = -i \tag{2}$$

これからもわかるとおり ab と ba は一般的に相異なります．

四元数 $a + bi + cj + dk$ どうしの加法・減法は各成分ごとに演算すれば済みます．**乗法**は次のようになります．

$$\begin{aligned}&(a + bi + cj + dk) \times (a' + b'i + c'j + d'k) \\ =& (aa' - bb' - cc' - dd') + (ab' + ba' + cd' - dc')i \\ &+ (ac' - bd' + ca' + db')j + (ad' + bc' - cb' + da')k\end{aligned} \tag{3}$$

乗法の順序を換えると結果が異なることに注意します．なお加法については交換法則・結合法則が問題なく成立するので以下特に断らない限り乗法に関する法則を問題にします．

このような「非可換代数」（乗法の交換法則が成立しない演算体系）は，その少し前から理論的な研究が行われていましたが，四元数が具体的な実例を提供したわけです．

しかし乗法の結合法則と両側の分配法則は成立するので，四元数は**非可換体**をなします．昔は歪体（わいたい）ともいいました．歪の字が常用漢字にないので「斜体」といういいかえ語が提唱されましたが，あまり使われないようです（この語には他の意味もあってまぎらわしいせいか）．

今日の数学者は行列算を初め非可換代数には割合習熟しており，操作の順序を変えると結果が変わるような実例も豊富に挙げて解説されています．

四元数の諸量と演算

四元数 $\alpha = a + bi + cj + dk$ に対して a を**実部**，$bi + cj + dk$ を**虚部**といい，$\bar{\alpha} = a - bi - cj - dk$ を α の**共役四元数**とよびます．$\alpha\bar{\alpha} = \bar{\alpha}\alpha = \|\alpha\|^2 = a^2 + b^2 + c^2 + d^2 (\geqq 0)$ となります．この正の平方根を α の**絶対値**とよんで $|\alpha|$ と表わします．$\alpha \neq 0$ なら $|\alpha| > 0$ であり，その逆数は

$$\alpha^{-1} = \frac{\bar{\alpha}}{|\alpha|^2} = \frac{a - bi - cj - dk}{a^2 + b^2 + c^2 + d^2},$$
$$\alpha\alpha^{-1} = \alpha^{-1}\alpha = 1 \tag{4}$$

です．このような特別な関係にある2数の間に交換法則が成立しても問題にはなりません．

逆数が存在するので**除法**が可能ですが，左除法：$\alpha\xi = \beta$ の解 $\xi = \alpha^{-1}\beta$ と右除法：$\eta\alpha = \beta$ の解 $\eta = \beta\alpha^{-1}$ とを区別しなければなりません．前者を $\alpha\backslash\beta$，後者を α/β と記すこともあります．

実部が0である「純虚四元数」$bi + cj + dk$ は3次元空間内の成分が (b, c, d) のベクトル $\boldsymbol{u}$ とみなすことができます．このようなベクトル $\boldsymbol{u}, \boldsymbol{v}$ の間の四元数としての積は，3次元空間内のベクトルについて，内積の負が実部，外積に相当するベクトルが虚部を表します．特に互いに直交するベクトル $\boldsymbol{u}, \boldsymbol{v}$ の四元数としての積は外積 $\boldsymbol{u} \times \boldsymbol{v}$ に等しく，純虚四元数であって，反交換関係 $\boldsymbol{u} \times \boldsymbol{v} = -\boldsymbol{v} \times \boldsymbol{u}$ が成立し

す.

　3次元空間内の原点を固定し,向きを保存する(裏返しをしない)等長変換は,オイラーが示したとおり,ある軸の周りの回転に限ります.その軸を表すベクトル u を純虚四元数 β で表わし,四元数 $\alpha = \cos\theta + (\sin\theta)\beta$ とおきます.このとき3次元ベクトルの表わす純虚四元数 ξ に対して四元数としての積 $\xi \to \alpha\xi\alpha^{-1}$ は,u を軸とする角度 2θ の回転を表します.$|\beta| = 1$ とすれば α^{-1} は $\bar{\alpha}$ で置き換えてよく,除算は不要です.

　その証明もそれほど難しくありません.特に $\beta = i$ のときには,$\alpha = \cos\theta + i\sin\theta$ で,α は i と交換可能,$j\bar{\alpha} = \alpha j$,$k\bar{\alpha} = \alpha k$ であり,$\alpha^{-1} = \bar{\alpha}$ から $\xi = xi + yj + zk$ に対して

$$\alpha\xi\alpha^{-1} = \alpha(xi)\bar{\alpha} + \alpha(yj + zk)\bar{\alpha} = xi + \alpha^2(yi + zk)$$
$$= xi + (\cos 2\theta + i\sin 2\theta)(y + zi)j$$

となります.これは i 軸を保存し,j,k 平面を 2θ 回転させた結果です.任意の軸 u はそれを i 軸にとり,それと直交する平面を j,k 面とした四元数として同様の結果を得ます.□

　この事実はハミルトンの時代から知られていましたが,20世紀の後半に再発見されて,今ではアニメーションの作成などに活用されています.3次元空間の回転を座標で表すと厄介な式になりますが,四元数の積は成分ごとに4個の演算装置を使って同時並列的に計算できるので,こうすると効率的です.

コラム12　四元数の行列表現

複素数を行列で表現したように，四元数も行列表現ができます．行列の演算は乗法の交換法則が成立しないが結合法則は成立するのでちょうど適合しています．

複素数を実数で表現するのに活用した行列

$$C = \begin{bmatrix} 0 & -1 \\ 1 & 0 \end{bmatrix}$$

を使い，E, O を2次の単位行列，零行列とすると

$$U = \begin{bmatrix} E & O \\ O & E \end{bmatrix}, \quad I = \begin{bmatrix} -C & O \\ O & C \end{bmatrix}, \quad J = \begin{bmatrix} O & E \\ E & O \end{bmatrix},$$

$$K = \begin{bmatrix} O & -C \\ -C & O \end{bmatrix}$$

とおいた4次行列が四元数の $1, i, j, k$ に対応して

$$I^2 = J^2 = K^2 = -U, \quad IJK = U$$

が確かめられます．これは四元数 $a + bi + cj + dk$ を次のような実4次行列で表現したことに相当します．

$$\begin{bmatrix} a & b & c & d \\ -b & a & -d & c \\ -c & d & a & -b \\ -d & c & b & a \end{bmatrix}$$

あるいは $a + bi = \xi$，$c + di = \eta$ と複素数で表わすと上記の四元数は $\xi + \eta j$ と表わされますが，これを複素数を成分とする2次の行列

$$\begin{bmatrix} \bar{\xi} & \bar{\eta} \\ -\eta & \xi \end{bmatrix} \quad (\bar{\xi} \text{ は } \xi \text{ の共役複素数})$$

で表現したことになります．他にも本質的に同じ意味になる変種がいろいろ可能です．

なお四元数全体は H と表わされます．英語で quaternion というので Q としたいが，この記号はすでに有理数を表わすのに慣用されているので，ハミルトンの頭字に従って H が使われます．

以下も四元数の一応用です．n 次元の球面を S^n と表わすとき，「S^3 は $S^2 \times S^1$ と同型」という位相幾何学の定理があります．少し専門的だが要点を説明します．S^3 は四元数の単位球（絶対値が 1 の数全体）ですが，

$a + bi + cj + dk = (a + bi) + (c + di)j,$
$a + bi = \alpha, c + di = \beta$

と考えて「複素平面」(α, β) を，同値関係 $(\alpha, \beta) \sim (\lambda\alpha, \lambda\beta)$ $(\lambda \neq 0)$ によって類別した同値類の集合とみなすことができます．このとき $|\alpha|^2 + |\beta|^2 = 1$ であり，$|\lambda| = 1$（複素数平面上の単位円 S^1）である λ を掛ける自由度が残ります．その同値類は $\alpha : \beta$ と同一視されますが，これは複素数全体に無限遠点（∞；$1 : 0$ に相当）を追加した複素数球面 S^2 と同型になります．このことから上述の関係は単に位相同型（連続写像）だけでなく，解析関数による写像同型でもあります．ただしこれは S^3 に特有の性質です．

八元数小史

ハミルトンは四元数の発見（1843 年）を，大学生時代からの親友グレイブスに長文の手紙で知らせました．折り返し

の返事でグレイブスはハミルトンの業績を高く評価したものの，四元数は「中途半端」だとして，自分の「八元数」の研究をハミルトンに送りました．ハミルトンは他の仕事に忙しくしばらく返事をしなかったが，やがて重大な問題点に気づきました．八元数は乗法の結合法則 $(\alpha\beta)\gamma = \alpha(\beta\gamma)$ を満たさないという点です．実は「結合法則」という語は，このときに初めて認識されたとされています．

八元数はその後ケイリーが研究したので**ケイリー数**ともよばれますが，彼の最初の論文（1845年）は，結合法則の不成立な点などについて誤りが多く，当初は全集から外された由です．

半世紀ほどたってフルヴィッツによる組成代数と倍化演算の研究が出ましたが（後述），八元数は四元数ほど普及していません．その理由もいくつかあります．四元数のハミルトンのような熱心な推進者がいなかったこと，応用がなかったこと，さらに発表された論文中に結合法則の不成立に関する誤りが多かったことなどがその原因です．

現在でも八元数の応用はリー群関連の純粋数学の枠内に限られているようです．もっとも近年物理学の「大統一理論」では八元数と密着したリー群に着目した理論も提唱されており，そのうち意外な応用が開かれるかもしれません．ただ結合法則が成立しない乗算にはまだ大半の数学者が慣れておらず，とかく誤りが多い現状です．なお日常場面でも「結合法則」が不成立な操作の具体的な実例も乏しいようです．逆にそれだけ将来性を秘めた対象なのかもしれません．

八元数の歴史で私自身が興味をもった一例を挙げます．た

だし用語の詳しい説明は省略します．複素整数を拡張した「八元整数」の理論があります．とはいえ成分がすべて整数の数だけでは不十分で，「適当に」半整数（整数$+\frac{1}{2}$）の成分も含める必要があります．その体系内で「余りのある除法」：
$\beta \neq 0$ に対して $\alpha = \beta \cdot \gamma + \delta, |\delta| < |\beta|$ （$\gamma' \cdot \beta + \delta$ も）(5)
が可能か？ という課題です．ケイリーが証明しようとして失敗した逸話が伝えられています．その後何人かが証明したといったが，途中でうっかり結合法則を使ったりしていて正しい証明とは認められませんでした．

それが可能なことを初めて証明したのはコグゼター（1944年）です．その証明は「幾何学的」でした．8次元空間には2種の「正多面体」である正単体と正軸体とをうまく組合せた空間充填形が可能なことは昔から知られていました．コグゼターは八元整数全体をうまく結ぶと，自然にその充填形ができることを証明したのです．(5)は八元数 $\beta^{-1}\alpha$（あるいは $\alpha\beta^{-1}$）に最も近い八元整数 γ がそこから距離（差の絶対値）1未満の範囲にあるか，という問題と同値です．ところが一辺の長さが1の正単体，正軸体内の点で頂点から最も遠いのはその中心で，そこまでの距離はそれぞれ $\frac{2}{3}$ と $\frac{1}{\sqrt{2}}$ です．これらはともに1より真に小さい値です．□

私が感心したのは，代数的に計算しようとして失敗した難問が，図形的に考えればほとんど自明な事実になった点です．特に当時は抽象数学の全盛期で，図形的な証明は厳密でないとしてむしろ軽蔑されていた風潮がありました．これは特殊な例ですが，流行に反する考え方が成功した話として深く印象に残った次第です．

これとは比較になりませんが，中学生が図形的に簡単に証明する幾何学的性質を，大学生は座標をとって計算しようとして失敗した事例が数学検定でも報告されています．

八元数の概要

八元数は $e_0 = 1$ のほかに 7 個の虚数単位 $e_i (i = 1, \cdots, 7)$ からなります．$e_i^2 = -1$ ですが，e_i どうしの積をどううまく整理するかでいくつかの流儀があります．以下のは一つの「標準」です．e_1, e_2, e_4 を四元数の i, j, k と対応させ，$a_0 + a_1 e_1 + a_2 e_2 + a_4 e_4$ が四元数と同じ形の積を与えると定義します．交換法則は成立しませんが，この範囲では結合法則も成立します．

次に第 4 の要素 e_3 を導入し，それとの積を

$$e_1 e_3 = e_7, \qquad e_2 e_3 = e_5, \qquad e_3 e_4 = e_6 \tag{6}$$

と定義します．積の順序を変えると，すべてそれぞれの値に負号をつけた数になります．このとき $e_i e_j e_k$ の三連積で結合法則が成立する**結合組**は 7 を法として $\{l, l+1, l+3\}$ の形およびそれを入れ換えた $7 \times 6 = 42$ 組に限ります．ただし 7 を法といっても e_7 は e_0 とは別の独立した単位で，$e_8 = e_1$，$e_9 = e_2, e_{10} = e_3$ と解釈する点に注意してください．

この三つ組は図 5.8 のように正七角形の内に不等辺三角形（図で影をつけた）を描いて，これを回転させたときの 3 個の頂点として表されます．それ以外の $210 - 42 = 168$ 組では，**反結合法則** $(e_i e_j) e_k = -e_i (e_j e_k)$ が成立します．

厄介なのは結合法則が一般的には成立しませんが，限られた範囲では成立する点です．例えば同じ要素 ξ およびその逆

第 5 章 多次元数の世界

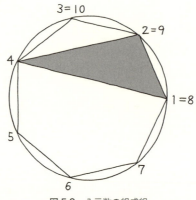

図 5.8 八元数の組成組

数 ξ^{-1} の間の積は結合的で,ξ^n (n は正負の整数)は一意的に定まります.$\xi^2\eta = \xi(\xi\eta)$, $\xi\eta^2 = (\xi\eta)\eta$ も成立します.また**モウファンの法則**(準結合法則)

$$(\xi\eta)\cdot(\iota\xi) = (\xi(\eta\iota))\,\xi = \xi((\eta\iota)\,\xi),$$

特に $(\xi\eta)\xi = \xi(\eta\xi)$

が成立します(モウファンはドイツの女性数学者の名).

$\xi = a_0 + \alpha$ ($\alpha \equiv a_1 e_1 + \cdots + a_7 e_7$) に対し,$\bar{\xi} = a_0 - \alpha$ をその**共役数**とよびます.$\xi\cdot\bar{\xi} = \bar{\xi}\cdot\xi = a_0^2 + a_1^2 + \cdots + a_7^2$ で,その値をノルム $\|\xi\|$,その平方根を絶対値 $|\xi|$ とよびます.

八元数の全体は $\boldsymbol{O}$ と表されます.Octonion の頭字をとった記号です.ここでは省略しますが,八元数の基底 $e_1,\cdots,e_7$ の乗積表を具体的に作って,結合法則が成立するのとしない三つ組を調べてみるのはよい演習課題です.もちろん加法との分配法則は左乗,右乗と両方別々ですがともに成立しま

す．それが組成代数の条件：$|\xi\eta|=|\xi|\cdot|\eta|$ を満足すること
を確かめるなども，よい演習問題と思います．

ディクソンの倍化演算

　以上解説した実数，複素数，四元数，八元数の体系は（0
で割ることを除く）四則演算が自由にできる体系です．さら
に各要素 ξ に **絶対値** $|\xi|$ という非負（$\xi \neq 0$ なら正）の実数
が対応し $|\xi\eta|=|\xi||\eta|$ が成立します．このような体系を **組
成代数** といいます．通例さらに乗法の **単位元 1** の存在と **中線
定理**

$$|\xi+\eta|^2+|\xi-\eta|^2=2(|\xi|^2+|\eta|^2)$$

を仮定し，**内積** を

$$\langle \xi,\eta \rangle = \frac{1}{2}\,(|\xi+\eta|^2-|\xi|^2-|\eta|^2)$$

$$= \frac{1}{2}\,(|\xi|^2+|\eta|^2-|\xi-\eta|^2)$$

と定義します（値は実数）．また ξ の共役数 $\overline{\xi}$ を

　　$\overline{\xi}=2\langle \xi,1\rangle-\xi$

と定義します．四元数，八元数の場合には，前の定義と同じ
になります．$\overline{\overline{\xi}}=\xi$, $|\xi|=|\overline{\xi}|$, $\overline{\xi\eta}=\overline{\eta}\,\overline{\xi}$（順序が変わる）な
どが一般的に証明できます．

　組成代数 Y とその部分代数 X（それだけで組成代数をな
す）があり，X と「直交」（内積が 0）する絶対値 1 の「虚
数単位」i があるとき，$a+ib$（a,b は X の要素）の全体を
$X+iX$ と記し，これを X の **倍化代数** とよびます．以下，証
明は省略しますが（難しくはないが根気のいる計算が多数必

要；詳しくは巻末のコンウェイ・スミスの本を参照)，フルヴィッツが次の諸成果を示しました．諸法則は乗法に関するものなので「乗法の」という語を省略します．

1° Xの倍化空間$X + iX$がそれ自体組成代数になるための必要十分条件は，Xで結合法則が成立することである．

したがって八元数Oの倍化空間（「十六元数」というもの）は無理に作っても組成代数にはなり得ない．

2° Xの倍化空間が組成代数で，その中で結合法則が成立するための必要十分条件は，X内で結合法則と交換法則とが成立することである．

3° Xの倍化空間が組成代数で結合法則と交換法則が成立するための必要十分条件は，X内でもそれらが成立し，さらにX内の共役数$\bar{\xi}$が自分自身ξに退化することである．

これらを逆に見れば，実数Rから複素数Cへは，共役演算の導入（および順序関係を捨てる）が必要です．複素数Cから四元数Hへは乗法の交換法則を捨てて，四元数Hから八元数Oへは結合法則を捨てるという犠牲が避けられません．そして結合法則が不成立なOではもはや倍化演算はできません．「仏の顔も三度」ではないが，倍化演算の可能性も三度だけで，四則演算が曲りなりにでも可能な「数」の範囲は，八元数で終点ということになります．

もちろんこれは倍化演算という特定の拡大を考えた場合ですが，R上の（有限次拡大）体はC, H, O以外には存在しないことは他にもいろいろの方法で証明されています．

あとがき
——数はどこまで拡張できるか？

　この設問は「数」にどれだけの性質を要請するかによります．加減法だけなら線型空間（ベクトル）として何次元でもできます．零因子（$\alpha \neq 0, \beta \neq 0$ でも $\alpha\beta = 0$）があって除法が不可能でもよければ，いろいろな多元数が可能です．しかし（0で割ることを除いて）四則演算が自由にできる体として，さらに組成代数という自然な条件を課すと，乗法の交換法則・結合法則を捨てるという犠牲を払っても，八元数で終わりです．目的に応じてさらに各種の「数」が導入され，利用されていて，それらを「数」とよぶのに特に反対はできません．しかし標準的な立場では八元数で終わりといってよいと思います．

　以上をもって「数の世界」見学の終点とします．お疲れさまでした．

参考文献

関連する文献は多数あります．以下に記すのは本書執筆に直接参照した文献に限定します．

全 般
足立恒雄，数の発明，岩波科学ライブラリー，岩波書店，2013 年．
中山　理，算術再入門，中公新書，中央公論新社，2008 年．
一松　信，数の体系，1〜12，理系への数学（現代数学社刊），2009 年 5 月
　　号〜2010 年 4 月号連載記事，現代数学社．
吉田洋一，零の発見，岩波新書，岩波書店，初版 1940 年．
小平邦彦 編，数学の学び方，岩波書店，初版 1987 年；第 8 刷 2013 年．
中村　滋，数学史の小窓，1〜12，数学セミナー（日本評論社刊），2010 年
　　4 月号〜2011 年 3 月号連載記事（特に最初の 4 回）．
植木不等式，数になりたかった皇帝，岩波書店，2009 年．

負 数
M. ガードナー；一松　信 訳，負数の市民権，数学ゲーム III 新装版所載，
　　日経サイエンス社，2012 年．

図形的数
R. D. ネルソン；秋山　仁 訳，証明の展覧会 I, II，東海大学出版会，2003
　　年．
一松　信，図形的数 —— 特に正多面体数，現代数学（現代数学社刊），
　　2015 年 1 月号．

実数と連続性
髙木貞治，新式算術講義，初版，博文館，1904 年；改訂新版，ちくま学芸
　　文庫，2008 年．

遠山　啓, 無限と連続, 岩波新書, 岩波書店, 1965年.
河田直樹, 無限と連続 —— 哲学的実数論, 現代数学社, 2013年.

多次元数
L. ポントリャーギン；宮本敏雄・保坂秀正 訳, 数概念の拡張 —— 実数・複素数から4元数・8元数まで, 森北出版, 2002年.
一松　信, 複素数と複素数平面, 森北出版, 1998年.
J. H. コンウェイ, D. A. スミス；山田修司 訳, 四元数と八元数 —— 幾何・算術そして対称性, 培風館, 2006年.

本書中の主な数学者（生誕年順）

ピタゴラス（Pythagoras），前 572 頃-494 頃
エウドクソス（Eudoxos），前 400 頃
ユークリッド（Euclid），前 300 頃
アーリアバータ（Āryabahta），476-?
フィボナッチ（Fibonacci），1170 頃-1250 頃
ガリレオ（Galileo），1564-1642
アルベール・ジラール（Albert Girard），1595-1632
ニュートン（Newton），1642-1727
ライプニッツ（Leibniz），1646-1716
ヨハン・ベルヌイ（Johann Bernoulli），1667-1748
ド・モアブル（de Moivre），1667-1754
オイラー（Euler），1707-1783
ダランベール（d'Alembert），1717-1783
ランベルト（Lambert），1728-1777
ラグランジュ（Lagrange），1736-1813
ラプラス（Laplace），1749-1827
アルガン（Argand），1768-1822
ガウス（Gauss），1777-1855
ボルツァノ（Bolzano），1781-1848

コーシー (Cauchy), 1789-1857

ラメ (Lame), 1795-1870

ハミルトン (Hamilton), 1805-1865

リューヴィル (Liouville), 1809-1882

ワイエルストラス (Weierstrass), 1815-1897

ハイネ (Heine), 1821-1881

ケイリー (Cayley), 1821-1895

エルミート (Hermite), 1822-1901

クロネッカー (Kronecker), 1823-1891

デデキント (Dedekind), 1831-1916

リプシツ (Lipschitz), 1832-1903

ジョルダン (Jordan), 1838-1922

リー (Lie), 1842-1899

カントル (G. Cantor), 1845-1918

フレーゲ (Frege), 1848-1925

リンデマン (Lindemann), 1852-1939

ペアノ (Peano), 1858-1932

フルヴィッツ (Hurwitz), 1859-1919

ヒルベルト (Hilbert), 1862-1943

ツェルメロ (Zermelo), 1871-1953

吉田洋一, 1898-1989

ゲーデル (Gödel), 1906-1978

コグゼター (Coxeter), 1907-2003

ゲンツェン (Gentzen), 1909-1945

小平邦彦, 1915-1997

コンウェイ (Conway), 1937-

索 引

欧文
$\aleph_0$　149
H（四元数）　180
N（自然数）　43
n 乗根　111
N 進法　28
O（八元数）　184
Q（有理数）　105
R（実数）　129
Z（整数）　58

あ 行
余り　65
　　正規化された――　65
　　負の――　65
アレフ・ゼロ　149
以下　31
以上　31
一様連続　144
イデアル　72
因数　63
上に有界　136

か 行
外延（量）　14
回転
　　単位純虚四元数　178
　　単位複素数　163
回転指数　168
ガウス・アルガン平面　160
ガウス平面　159
下界　136
可換法則　→交換法則
掛け算　→自然数の乗法
可算集合　149
仮分数　93
加法
　　自然数の――　47
　　実数の――　141
　　複素数の――　170
　　負数の――　58
　　分数の――　103
可約分数　96
借り　33
換算率　41
完備　142
完備性　133
記号的自然数　48
基数　9
記数法　19
基底数　27
帰納的定義　44
帰納法　42
基本列　133, 138

逆数　101
既約分数　96
『九章算術』　54
共役
　　四元数　177
　　八元数　185
　　複素数　161
極限値　131
極座標　162
虚数　157
虚部
　　四元数　177
　　複素数　159
距離　162
空集合　48
区間縮小法　129
位　20
位取り記数法　26
繰り上がり　32
繰り下がり　33
ケイリー数　181
下界　136
桁上がり　32
げたばき表現　59
結合法則
　　加法の——　32
　　乗法の——　37
ゲーデルの不完全性定理　46
小石代数　76
交換法則
　　加法の——　32,49
　　乗法の——　37
合成数　66
公倍数　66
公約数　66
互減法　67
コーシーの基本列　133
互除法　67
コーシー列　133

五・二進法　22

さ 行

再帰的定義　44
最小公倍数　66
最小上界　136
最小数　47
最大下界　136
最大公約数　66
三角数　76
算木　21
3次方程式　157
『算数書』　54
四角錐数　76
識別記号　12
四元数　174
　　——の逆数　177
　　——の行列表現　179
　　——の除法　177
指数　111
指数関数　171
自然数　7
　　——の加法　19,31
　　——の減法　20,31
　　——の構成　42
　　——の順序　30
　　——の乗法　36
四則演算　85
実数　119
　　——の加法　141
　　——の逆数　143
　　——の構成　136
　　——の乗法　142
　　——の除法　143
　　——の非可算性　151,152
　　——の連続性　127
実直線　123
実部
　　四元数　177

複素数　159
四面体数　78
写像　164
集合的自然数　48
集積点　131
十二進法　23
縮小写像　133
十進法　20
循環小数　109
純虚四元数　177
順九九　39
順序　165
　　——と加減算との整合性　34
　　——の推移法則　88
　　複素数の四則演算と整合する——　165
順序数　9
商　65
上界　136
上限　136
小数　91, 108
　　——の割り算　110
小数表現　91
乗法
　　自然数の——　47
　　実数の——　142
　　八元数——　183
　　複素数の——　170
　　負数の——　60
　　分数の——　100
乗法九九　39
剰余　65
剰余系　74
序数　9
助数詞　17
諸等数　34
除法
　　四元数の——　177
　　実数の——　143
　　整数の——　85
　　分数の——　101
ジョルダンの曲線定理　167
振動する　131
真分数　93
推移性　98, 164
数学的帰納法　42
数記号　12
数詞　15
数直線　127
図形的数　76
ずらし演算　32, 163
正規小数　110
整除する　63
整除性　63
正の数　56
絶対値
　　整数　56
　　八元数　185
　　複素数　162
切断　128, 137
漸化式　50
全順序　140
全順序性　164
素因数分解　69
　　——の一意性　69
総九九　39
相互差引　67
素数　66
組成代数　175, 185

た 行

体　75
対角線論法　151
対称性　98
代数学の基本定理
　　→方程式論の基本定理
対数関数　172

代数的数　122
　　　——の高さ　153
帯分数　93
互いに素　70
足し算　→自然数の加法
単位元　185
単位分数　93
単数　63
中間値の定理　132
中線定理　185
稠密　122
超越数　147
超限順序数　46
稠密　122
通分　103
ディクソンの倍化演算　185
デデキントの切断　128
添加した拡大体　171
同一性　98
同値関係　99
　　　基本列の——　138
同値性　97
　　　分数の——　96
同値類　98
等分除　86
時計代数　74
ド・モアブルの定理　163

な　行
内積　185
内包（量）　14
2次方程式　156
二十進法　22
ノルム　175

は　行
倍化代数　185
倍数　63
倍分　96

端下　91
八元数　180
　　　——の乗法　183
八面体数　82
発散　131
鳩の巣原理　109
反結合法則　184
反交換関係　177
半順序　165
反数　58
範疇性　46
反転　60
繁分数　93
比　87
　　大きい　87
　　等しい　87
非可換体　176
非可算性　151
引き算　→自然数の減法
抽き出し論法　109
非共測量　120
被乗数　111
左除法　177
比の値　87
比の応用規則　88
微分学の基本定理　132
表現定理　69
標準音階　113
ピラミッド数　78
ファレイ数列　105
複式位取り記数法　36
複素数　155
　　　——の加法　170
　　　——の乗法　170
　　　——の積　163
複素数平面　159
複素平面　160
副単位　21
負号　56

負数　53
　　——の加減法　58
　　——の乗法　60
　　——の歴史　53
プセーボイ代数　76
不通約量　120
不定形　173
分子　88
分数　88
　　——の加減法　103
　　——の構成　97
　　——の乗法　100
　　——の除法　101
　　同値な——　96
分配法則　37
分母　88
ペアノの公理系　45
平均値の不等式　132
閉区間　130
平行移動　163
ペル方程式　125
偏角　162
法　65
包含除　86
方程式論の基本定理　166
ボルツァノ・ワイエルストラスの定理　131

ま 行

回し伸ばし　163
右除法　177
未満　31
無限集合　149
無限小数　138
無限の公理　149
無定義要素　45
無矛盾性　46
モウファンの法則　184

貰い　33

や 行

約数　63
約分　96
有界　131
有限体　75
有向線分　56
有理数　119
　　——の可算性　148
有理数体　105
ユークリッドの互除法
　　→互除法

ら 行

ラメの定理　68
リプシッツ条件　144
量　90
累乗　111, 145
　　一般の——　171
　　負数指数の——　63
　　分数指数の——　111
零の発見　28
連続（関数の）　144
連続性　127
連続体問題　152
連比　89
連分数　92
六十進法　23, 24

わ 行

割り　91
割り切れる　63
割り算　→整数の除法

著者紹介
一松　信（ひとつまつ・しん）
1926年東京生まれ．京都大学名誉教授．理学博士．専攻は多変数関数論，数値解析，計算機科学など．著書は『解析学序説 改訂新版』（裳華房，上巻1981，下巻1987），『暗号の数理 改訂新版』（講談社，2005），『重心座標による幾何学』（現代数学社，2014．共著）など多数．

サイエンス・パレット 021
数の世界 —— 概念の形成と認知

平成27年1月25日　発行

著作者　　一　松　　信

発行者　　池　田　和　博

発行所　　丸善出版株式会社
〒101-0051　東京都千代田区神田神保町二丁目17番
編集：電話（03）3512-3266／FAX（03）3512-3272
営業：電話（03）3512-3256／FAX（03）3512-3270
http://pub.maruzen.co.jp/

© Shin Hitotsumatsu, 2015

組版印刷・製本／大日本印刷株式会社

ISBN 978-4-621-08892-0　C 0341　　　　　Printed in Japan

本書の無断複写は著作権法上での例外を除き禁じられています．